上海市工程建设规范

城镇高压、超高压天然气管道工程技术标准

Technical standard of urban high pressure and super high
pressure natural gas pipeline engineering

DG/TJ 08—102—2024
J 10263—2024

主编单位:上海燃气有限公司
　　　　　上海能源建设工程设计研究有限公司
批准部门:上海市住房和城乡建设管理委员会
施行日期:2024 年 12 月 1 日

U0363658

同济大学出版社

2024　上海

图书在版编目(CIP)数据

城镇高压、超高压天然气管道工程技术标准/上海
燃气有限公司,上海能源建设工程设计研究有限公司主编.
上海:同济大学出版社,2024.12. - - ISBN 978-7
-5765-1498-8

Ⅰ. TE973-65

中国国家版本馆 CIP 数据核字第 20250W8S42 号

城镇高压、超高压天然气管道工程技术标准

上海燃气有限公司
上海能源建设工程设计研究有限公司　　主编

责任编辑　朱　勇
责任校对　徐逢乔
封面设计　陈益平

出版发行　同济大学出版社　　www. tongjipress. com. cn
　　　　　(地址:上海市四平路 1239 号　邮编:200092　电话:021－65985622)
经　　销　全国各地新华书店
印　　刷　常熟市华顺印刷有限公司
开　　本　889mm×1194mm　1/32
印　　张　3.5
字　　数　88 000
版　　次　2024 年 12 月第 1 版
印　　次　2024 年 12 月第 1 次印刷
书　　号　ISBN 978-7-5765-1498-8
定　　价　40.00 元

上海市住房和城乡建设管理委员会文件

沪建标定〔2024〕350 号

上海市住房和城乡建设管理委员会关于批准《城镇高压、超高压天然气管道工程技术标准》为上海市工程建设规范的通知

各有关单位：

由上海燃气有限公司、上海能源建设工程设计研究有限公司主编的《城镇高压、超高压天然气管道工程技术标准》，经我委审核，现批准为上海市工程建设规范，统一编号为 DG/TJ 08—102—2024，自 2024 年 12 月 1 日起实施。原标准《城镇高压、超高压天然气管道工程技术规程》DGJ 08—102—2003 同时废止。

本标准由上海市住房和城乡建设管理委员会负责管理，上海燃气有限公司负责解释。

上海市住房和城乡建设管理委员会

2024 年 7 月 10 日

前　言

　　根据上海市住房和城乡建设管理委员会《关于印发〈2018 年上海市工程建设规范、建筑标准设计编制计划〉的通知》（沪建标定〔2017〕898 号）的要求，由上海燃气有限公司和上海能源建设工程设计研究有限公司对《城镇高压、超高压天然气管道工程技术规程》DGJ 08—102—2003 进行修订。标准编制组在充分总结以往经验，结合新的发展形势和要求，参考国家、行业及本市相关标准规范和文献资料，并广泛征求意见的基础上，形成本标准。

　　本标准的主要内容包括：总则；术语；基本规定；天然气管道计算；管道线路及附属工程设计；天然气场站设计；管道和设备的施工及安装；清管、试压和干燥；监控及数据采集；工程竣工验收。

　　本次修订的主要内容有：

　　1. 新增天然气质量和用气量的规定。

　　2. 新增计算流量的规定。

　　3. 完善管道防腐相关规定。

　　4. 补充场站内部防火间距要求。

　　5. 完善管道和设备的施工及安装相关规定。

　　6. 补充监控及数据采集相关要求。

　　各单位及相关人员在执行本标准过程中，如有意见和建议，请反馈至上海市住房和城乡建设管理委员会（地址：上海市大沽路100 号；邮编：200003；E-mail：shjsbzgl@163.com），上海燃气有限公司（地址：上海市虹井路 159 号；邮编：201103），上海能源建设工程设计研究有限公司（地址：上海市崮山路 887 号；邮编：200135），上海市建筑建材业市场管理总站（地址：上海市小木桥路 683 号；邮编：200032；E-mail：shgcbz@163.com），以便修订时参考。

主 编 单 位：上海燃气有限公司
　　　　　　上海能源建设工程设计研究有限公司
参 编 单 位：上海能源建设集团有限公司
　　　　　　上海市消防救援总队
　　　　　　上海天然气管网有限公司
　　　　　　上海市燃气管理事务中心
　　　　　　上海市安装工程集团有限公司
　　　　　　上海煤气第一管线工程有限公司
主要起草人：孙永康　刘　军　任　全　胡　瑛　邹　勇
　　　　　　葛志祥　刘　峰　杨　波　刘　勤　陈　佳
　　　　　　陈志强　王坚安　胡　冰　豆连旺　马迎秋
　　　　　　黄佳丽
主要审查人：王钰初　张　明　祝伟华　宋玉银　张　臻
　　　　　　陶志钧　周伟国

上海市建筑建材业市场管理总站

目　次

Contents

1 总　则

1.0.1　为使本市城镇高压、超高压天然气管道系统符合安全生产、保障供气、技术先进、经济合理、保护环境的要求,制定本标准。

1.0.2　本标准适用于本市新建、改建、扩建的设计压力为 1.6 MPa＜P≤6.3 MPa 的城镇高压、超高压天然气管道系统工程的设计、施工及验收。

本标准不适用于液化天然气工程及进入本市门站前的长距离天然气管道输送工程。

1.0.3　城镇高压、超高压天然气管道工程的建设应遵循国家能源政策与本市的能源规划、环保规划相结合的原则,根据城镇总体规划和燃气专项规划,在可行性研究的基础上,做到远近期结合、以近期为主,确保安全供气,经全面技术经济比较后确定合理的方案。

1.0.4　城镇高压、超高压天然气管道系统工程的设计、施工及验收除应符合本标准外,尚应符合国家、行业和本市现行有关标准的规定。

2 术 语

2.0.1 高压、超高压 high pressure，super high pressure
　　1.6 MPa$<P\leqslant$4.0 MPa 为高压，4.0 MPa$<P\leqslant$6.3 MPa 为超高压。

2.0.2 城镇高压、超高压天然气管道系统 urban high pressure and super high pressure natural gas pipeline system
　　由城镇高压、超高压天然气管网、场站、储气设施、监控及数据采集系统等组成。

2.0.3 门站 gate station
　　是接收上游天然气，作为城镇高压、超高压天然气输配系统气源点的专门场站。门站内一般具有过滤、计量、调压、清管器收发、气质检测等功能。

2.0.4 调压站 regulator station
　　将城镇天然气主干管网中天然气的压力由较高压力向较低压力进行调整的调压装置场站。

2.0.5 加压站 compressor station
　　将城镇天然气管网中天然气的压力提升到需要的使用压力而建在场站或企业内的加压装置场站。

2.0.6 强度设计系数 design factor of strenth
　　为提高管道的安全性，降低材料在使用状态中的许用应力而定的系数，即管道的许用应力与管材最小屈服强度的比值。

2.0.7 集中放散管 concentrated relief pipeline
　　超压泄放、紧急放散及开工、停工或检修时集中排放可燃气体的总管。

3   基本规定

3.1   天然气质量

3.1.1   进入本市高压、超高压天然气输配系统的天然气质量标准应符合现行国家标准《城镇燃气设计规范》GB 50028 和《天然气》GB 17820 中一类气的规定。

3.1.2   进入本市高压、超高压天然气输配系统的天然气的发热量和组分的波动应符合城镇燃气互换性要求,其偏离基准气的波动范围应符合现行国家标准《城镇燃气分类和基本特性》GB/T 13611 中 12T 的规定,并应适当留有余地。

3.2   用气量

3.2.1   城镇高压、超高压天然气输配系统的供气能力宜根据城镇天然气发展规划用气需求量确定。

3.2.2   居民生活和商业的用气量指标,应根据当地居民生活和商业用气量的统计数据分析确定。

3.2.3   工业企业、天然气发电和天然气化工的用气量,可根据实际燃料消耗量折算,或按同行业的用气量指标分析确定。

3.3   天然气管道系统

3.3.1   城镇高压、超高压天然气管道按设计压力分为 3 级:

超高压:$4.0\ \text{MPa} < P \leqslant 6.3\ \text{MPa}$;

高压 A:$2.5\ \text{MPa} < P \leqslant 4.0\ \text{MPa}$;

高压 B:1.6 MPa＜P≤2.5 MPa。

3.3.2 城镇高压、超高压天然气管道系统压力级制的选择及门站、储气设施、调压站、高压、超高压天然气管道的布置,应考虑气源位置、用户分布及用气需求、地形及道路条件、施工和运行等因素。

3.3.3 城镇高压、超高压天然气管网的布置,应根据用户中、远期用气量需求及其分布,全面规划,宜按逐步形成环状管网供气进行设计。

3.3.4 城镇高压、超高压天然气管网系统应具有稳定可靠的气源和满足调峰供应、应急供应等的气源能力储备,并应符合国家相关政策、标准的规定。

3.3.5 用于调峰供应的气源,储备规模应根据计算月平均日用气总量、用户结构、供气和用气不均匀情况、运行稳定性和供气调度规律等因素,在充分利用气源可调量的基础上综合确定。

储备方式的选择应经方案比较,择优选取安全可靠、技术先进、经济合理的方案。

4 天然气管道计算

4.1 计算流量

4.1.1 城镇高压、超高压天然气管道的计算流量应按计算月的最大小时用气量计算。最大小时用气量应为所有用户在该小时的最大用气量变化叠加后确定。

4.1.2 各类用户的天然气小时计算流量可按照现行国家标准《城镇燃气设计规范》GB 50028 的规定确定。

4.2 水力计算

4.2.1 城镇高压、超高压天然气管道水力计算应具备下列资料：

    1 管输气体的组成。

    2 气源的数量、位置、供气量及其可调范围。

    3 气源的压力及其可调范围，压力递减速度及上限压力延续时间。

    4 沿线用户的数量、位置、用气负荷曲线及其用气压力需求。

4.2.2 城镇高压、超高压天然气管道的单位长度摩擦阻力损失，应按式(4.2.2-1)计算：

$$\frac{P_1^2 - P_2^2}{L} = 1.27 \times 10^{10} \cdot \lambda \cdot \frac{Q^2}{d^5} \cdot \rho \cdot \frac{T}{T_0} \cdot Z \qquad (4.2.2\text{-}1)$$

$$\frac{1}{\sqrt{\lambda}} = -2\lg\left[\frac{K}{3.7d} + \frac{2.51}{Re\sqrt{\lambda}}\right] \qquad (4.2.2\text{-}2)$$

式中:P_1——天然气管道起点的压力(绝对压力 kPa);

P_2——天然气管道终点的压力(绝对压力 kPa);

Z——压缩因子,当天然气压力小于 1.2 MPa(表压)时,Z 取 1;

L——天然气管道的计算长度(km);

λ——天然气管道摩擦阻力系数,宜按式(4.2.2-2)计算;

K——管壁内表面的当量绝对粗糙度(mm);

Re——雷诺数(无量纲)。

4.2.3 当天然气管道的摩擦阻力系数采用手算时,宜按现行国家标准《输气管道工程设计规范》GB 50251 的有关规定计算。

4.2.4 根据工程的实际需求,宜对城镇高压、超高压天然气输配系统各节点流量、压力、温度和管道的储气量等进行稳态和动态模拟计算。

4.3 高压、超高压天然气管道储气计算

4.3.1 高压、超高压天然气管道储气的工艺设计应满足或部分满足输配系统每日小时调峰调度的要求。

4.3.2 地下管道储气量计算应符合下列规定:

1 管道储气量的计算应按照计算流量确定。

2 管道起点最高工作压力 P_{1max},不得高于门站出口压力;管道终点的最低工作压力 P_{2min},不得低于调压站最低允许进站压力。

3 高压、超高压管道储气量按下列公式计算:

$$V = \frac{V_g T_0}{P_0 T}\left[\frac{P_{m1}}{Z_1} - \frac{P_{m2}}{Z_2}\right] \qquad (4.3.2\text{-}1)$$

$$P_{m1} = \frac{2}{3}\left[P_{1max} + \frac{P_{2max}^2}{P_{1max} + P_{2max}}\right] \qquad (4.3.2\text{-}2)$$

$$P_{m2} = \frac{2}{3}\left[P_{1min} + \frac{P_{2min}^2}{P_{1min} + P_{2min}}\right] \qquad (4.3.2-3)$$

式中:V——管道的储气量(m^3);

V_g——管道的几何体积(m^3);

T_0——273.15(K);

T——管道内气体平均温度(K);

Z_1——气体在平均压力 P_{m1} 时的压缩系数;

Z_2——气体在平均压力 P_{m2} 时的压缩系数;

P_0——101 325(Pa);

P_{m1}——最高平均压力,即储气结束时管道内平均压力(Pa);

P_{m2}——最低平均压力,即储气开始时管道内平均压力(Pa);

P_{1max}——管道起点最高压力,即储气结束时起点绝对压力(Pa);

P_{2max}——管道终点最高压力,即储气结束时终点绝对压力(Pa);

P_{1min}——管道起点最低压力,即储气开始时起点绝对压力(Pa);

P_{2min}——管道终点最低压力,即储气开始时终点绝对压力(Pa)。

4.3.3 利用管道进行储气时,应考虑管道的疲劳极限,避免管道应力周期性变化而造成的对钢管及钢管焊缝的影响。在管件的设计中,应确保管件的应力变化量小于钢管的应力变化量。

5 管道线路及附属工程设计

5.1 地区等级划分

5.1.1 城镇高压、超高压天然气管道通过的地区,应按沿线居民户数和建筑物的密集程度划分为四个地区等级,并依据地区等级作出相应的管道设计。城镇高压、超高压天然气管道地区等级的划分应符合下列规定:

1 沿管道中心线两侧各 200 m 范围内,任意划分为 1.6 km 长,应包括独立居民建筑物数量最多的地段。按划定地段内的人口密度和房屋建筑、交通密集程度,划分为四个等级。

2 在多单元住宅建筑物内,每个独立住宅单元可按 1 户计算。

3 当划分地区等级边界线时,边界线距最近一幢建筑物外边缘应大于或等于 200 m。

5.1.2 本市地区等级的划分应符合下列规定:

1 一级地区:人口密度每公顷不大于 0.16 户的地区。

2 二级地区:人口密度每公顷大于 0.16 户但不大于 1 户的地区。

3 三级地区:介于二级和四级之间的中间地区,人口密度每公顷大于 1 户,随着住房、商店、学校等发展,人口还要增加的本市外环线以外地区。

4 四级地区:城市中心城区,人口密度大、高层建筑占多数或多层建筑密集、交通频繁、地下设施多的本市外环线以内(不包括外环道路红线内)地区,以及郊区按照城镇发展规划新建的人口密度大、建筑密集的新城区(区级中心城)。

确定地区等级应为该地区的今后发展留有余地,按城市远期
规划(约为 15 年)设计。

5.1.3 设计压力 $P > 1.6$ MPa 的天然气管道不应进入外环线以
内地区。

5.1.4 城镇高压、超高压天然气管道强度设计系数(F)应符合
表 5.1.4 的规定。

表 5.1.4 强度设计系数(F)

地区等级	强度设计系数
一级地区	0.72
二级地区	0.50
三级地区	0.40
四级地区	0.30

5.2 线路与管位

5.2.1 城镇高压、超高压天然气管道线路选择应符合下列规定:

1 根据工程沿线的城镇建设总体规划,管道宜沿市政道路
敷设,并充分利用现有基础设施。

2 宜避开居民聚集地;宜避开工程地质条件、施工条件相对
较差的地段。

3 线路走向应根据地形、工程地质、沿线主要进气、供气点
的地理位置以及交通运输、动力等条件,经多方案对比后,确定最
优线路。

4 结合天然气发展规划,积极为沿途天然气用户发展创造
条件。

5 应避开重要的军事设施、易燃易爆仓库、国家重点文物保

护单位的安全保护区域。

    6 应避开飞机场、火车站、海(河)港码头。

5.2.2 大中型河流穿越工程的选择,应符合线路总走向,局部走向可根据水文、地质、地形、水土保持、施工工艺及管道维护条件进行调整。

5.2.3 城镇高压、超高压天然气管道与建(构)筑物及重要区域的最小水平净距应符合表5.2.3的规定。

表5.2.3 城镇高压、超高压天然气管道与建(构)
筑物及重要区域的最小水平净距(m)

公称压力 (MPa)	建筑物	铁路 地铁	变电 站所	码头 渡口	高速公路 外环公路	明火地点
1.6<P≤2.5	20	20	20	30	20	50
2.5<P≤4.0	25	25	27	35	25	70
4.0<P≤6.3	35	30	30	40	30	80

    注:1 当无法达到表5.2.3规定的水平净距时,应采取增加管壁壁厚、加强防腐、减少接口、加强巡检等措施。上表的水平净距可适当缩小,但1.6 MPa<P≤2.5 MPa时的水平净距不得小于5 m;2.5 MPa<P≤4.0 MPa时的水平净距不得小于8 m;4.0 MPa<P≤6.3 MPa时的水平净距不得小于10 m。

    2 水平净距是指管道的外壁壁到建(构)筑物的最外墙面的距离。

    3 与铁路、公路的水平净距以路肩为基准。

    4 与高杆树木的水平净距不应小于5 m。

5.2.4 城镇高压、超高压天然气管道的最小覆土厚度不应小于1.2 m。

5.2.5 城镇高压、超高压天然气管道穿越铁路、高架地铁线、高速公路、高架公路时应增设套管。当采用水平定向钻方式穿越并取得铁路或高速公路部门同意时,可不加套管。

5.2.6 城镇高压、超高压天然气管道与相邻管道、电力电缆等的最小水平净距应符合表5.2.6的规定。

表 5.2.6 城镇高压、超高压天然气管道与相邻管道、
电力电缆等的最小水平净距(m)

项　目		净距
给水管		2.0
排水管		1.5
电力电缆	直埋	3.0
	在导管内	2.0
通信电缆	直埋	3.0
	在导管内	2.0
其他燃气管道	DN≤300 mm	1.0
	DN>300 mm	1.5
热力管	直埋	2.0
	在管沟内	2.0
电杆(塔)基础	≤35 kV	2.0
	>35 kV	5.0
通信照明电杆(至电杆)		1.0
树林(高杆根深植物)		5.0

注:城镇高压、超高压天然气管道与电杆(塔)基础之间的最小水平净距,还应满足本标准表5.5.8埋地钢管与交流电力线接地体的净距规定。

5.2.7 城镇高压、超高压天然气管道与输油管道的水平净距不宜小于 6 m。

5.2.8 城镇高压、超高压天然气管道与地下构筑物或相邻管道之间最小垂直净距应符合表5.2.8的规定。

表 5.2.8 城镇高压、超高压天然气管道与地下构筑物或
相邻管道之间最小垂直净距(m)

项目	天然气管道(当有套管时,以套管计)
给水管、排水管或其他燃气管道	0.30
热力管及管沟底(或顶)	0.30

续表5.2.8

项目		天然气管道(当有套管时,以套管计)
电缆	直埋	0.50
	在导管内	0.30
铁路轨底		1.20
有轨电车轨底		1.00

注:当无法达到表5.2.8规定的垂直净距时,在采取增加管壁壁厚、加强防腐、减少接口、加强巡检等有效的安全防护措施后,表5.2.8规定的垂直净距可适当缩小。

5.3 管材及附件的选用

5.3.1 城镇高压、超高压天然气管道应采用钢管,并应符合下列规定:

1 城镇高压、超高压天然气管道所用钢管、管道附件材料的选择,应根据管道的设计压力、温度、使用地区及材料的焊接性能等因素,经技术经济比较后确定。

2 钢管的选用应符合现行国家标准《石油天然气工业 管线输送系统用钢管》GB/T 9711、《输送流体用无缝钢管》GB/T 8163、《高压锅炉用无缝钢管》GB/T 5310 或《高压化肥设备用无缝钢管》GB/T 6479 的规定,或符合不低于上述标准相应技术要求的其他钢管标准。当高压、超高压天然气管道按现行国家标准《石油天然气工业 管线输送系统用钢管》GB/T 9711 选用钢管时,钢管等级不应低于 PSL2,钢级不应低于 L245。

3 城镇高压、超高压天然气管道所采用的钢管和管道附件应根据选用的材料、管径、壁厚、介质特性、使用温度及施工环境温度等因素,对材料提出冲击试验和(或)落锤撕裂试验要求。对于有抗延性断裂扩展要求的钢管,应符合现行国家标准《石油天然气工业 管线输送系统用钢管》GB/T 9711 的有关规定。

5.3.2 城镇高压、超高压天然气管道强度设计应根据管段所处地区等级和运行条件,按可能同时出现的永久载荷和可变载荷的组合进行设计。当管道位于地震基本烈度 7 度及 7 度以上地区时,应考虑管道所承受的地震载荷。

5.3.3 曾采用冷加工使其符合规定的最小屈服强度的城镇高压、超高压天然气钢管,当又经加热处理的温度高于 320℃(焊接除外)或将其煨弯成弯管时,计算壁厚所采用的屈服强度值应取该管材最低屈服强度的 75%。

5.3.4 城镇高压、超高压天然气管道焊接支管连接口的补强应符合下列规定:

1 补强的结构型式应为整体补强,可采用三通、支管台等方式。

2 当支管道公称直径大于或等于 1/2 主管道公称直径时,应采用三通。

3 支管道的公称直径小于或等于 50 mm 时,可不作补强计算。

4 开孔削弱部分应按等面积补强,其结构和数值计算应符合现行国家标准《输气管道工程设计规范》GB 50251 的有关规定。主管道和支管道的连接焊缝应保证全焊透,其角焊缝腰高应大于或等于 1/3 的支管道壁厚,且不应小于 6 mm。

5.3.5 城镇高压、超高压天然气钢质管道附件的设计和选用应符合下列规定:

1 管件的设计和选用应符合现行国家标准《钢制对焊管件类型与参数》GB/T 12459、《钢制对焊管件 技术规范》GB/T 13401、《钢制法兰管件》GB/T 17185 和现行行业标准《钢制对焊管件规范》SY/T 0510、《油气输送用钢制感应加热弯管》SY/T 5257 等的有关规定。

2 管法兰的选用应符合现行国家标准《钢制管法兰 第 1 部分:PN 系列》GB/T 9124.1、《钢制管法兰 第 2 部分:Class 系列》GB/T 9124.2、《大直径钢制管法兰》GB/T 13402 或现行行业标准《钢制管法兰、垫片、紧固件》HG/T 20592～20635 的有关规定。法兰、垫片和紧固件应考虑介质特性配套选用。

3 绝缘法兰、绝缘接头的设计应符合现行行业标准《绝缘接头与绝缘法兰技术规范》SY/T 0516 的有关规定。

4 非标钢制异径接头、凸形封头和平封头的设计,可参照现行国家标准《压力容器》GB/T 150.1～150.4 的有关规定。

5 除对焊管件之外的焊接预制单体(如集气管、清管器接收筒等),若其所用材料、焊缝及检验不同于本标准所列要求,可参照现行国家标准《压力容器》GB/T 150.1～150.4 进行设计、制造和检验。

6 管道与管件的管端焊接接头型式宜符合现行国家标准《输气管道工程设计规范》GB 50251 的有关规定。

7 用于改变管道走向的弯管应符合现行国家标准《输气管道工程设计规范》GB 50251 的有关规定,且弯曲后的弯管其外侧减薄处壁厚应不小于按式(5.4.1)计算的壁厚。

8 当管道附件与管道采用焊接连接时,附件的材质应与管道具备良好的焊接性能。

9 管道附件中所用的锻件,应符合现行行业标准《承压设备用碳素钢和合金钢锻件》NB/T 47008、《低温承压设备用合金钢锻件》NB/T 47009 的有关规定。

10 管道附件不得采用螺旋焊缝钢管制作,严禁采用铸铁制作。

5.4 强度和稳定性

5.4.1 城镇高压、超高压天然气钢质管道直管段管壁厚度应按下式计算(计算所得的管壁厚度应向上圆整至钢管的公称壁厚):

$$\delta = \frac{PD}{2\sigma_s \Phi F} \tag{5.4.1}$$

式中:δ——钢管计算壁厚(mm);

P——设计压力(MPa);

D——钢管外径(mm);

σ_s——钢管的最低屈服强度(MPa);

Φ——焊缝系数;

F——强度设计系数。

5.4.2 城镇高压、超高压天然气钢质管道最小公称壁厚不应小于表 5.4.2 的规定。

表 5.4.2 城镇高压、超高压天然气钢质管道最小公称壁厚

钢管公称直径 DN(mm)	公称壁厚(mm)
100	4.0
150	4.5
200～300	5.0
350～450	6.0
500～600	8.0
650～900	10.0
950～1 050	12.0

5.4.3 城镇高压、超高压天然气钢质弯管的管壁厚度按下式计算:

$$\delta_b = \delta m \qquad (5.4.3\text{-}1)$$

$$m = \frac{4R - D}{4R - 2D} \qquad (5.4.3\text{-}2)$$

式中:δ_b——弯管管壁计算厚度(mm);

δ——弯管所连接的直管管段计算壁厚(mm);

m——弯管管壁厚度增大系数;

R——弯管的曲率半径(mm);

— 15 —

D——弯管的外径(mm)。

5.4.4 下列计算或要求应符合现行国家标准《输气管道工程设计规范》GB 50251 的有关规定：

1 受约束的埋地直管段轴向计算以及轴向应力与环向应力组合的当量应力校核。

2 (埋地)受内压和温差共同作用下弯管的组合应力计算。

3 管道附件与没有轴向约束的(地面)直管段连接时的热膨胀强度校核。

4 城镇高压、超高压天然气管道径向稳定校核。

5.5 管道防腐及阴极保护

5.5.1 在一般地区，可采用土壤电阻率指标判定土壤的腐蚀性，土壤的腐蚀性分级见表 5.5.1。

表 5.5.1 土壤腐蚀性分级

指 标	级 别		
	强	中	轻
土壤电阻率(Ω·m)	<20	20~50	>50

5.5.2 埋地钢管应采取外防腐层和阴极保护相结合的防护措施，管道的防腐蚀设计应符合现行国家标准《钢质管道外腐蚀控制规范》GB/T 21447、《埋地钢质管道阴极保护技术规范》GB/T 21448 和现行行业标准《城镇燃气埋地钢质管道腐蚀控制技术规程》CJJ 95 的有关规定。

5.5.3 埋地钢管的外防腐层应符合下列规定：

1 具有足够的机械强度及良好的电绝缘性和稳定性。

2 具有优异的抗化学介质的能力。

3 具有良好的粘结力、完整性、连续性及与管体的牢固粘结。

5.5.4 埋地钢管的外防腐层等级应为加强级。

5.5.5 埋地钢管的阴极保护系统设计应符合下列规定：

1 埋地钢管阴极保护可分别采用强制电流阴极保护法、牺牲阳极法或上述两种方法的结合，设计时应视工程规模、土壤环境、管道防腐层质量等因素，经济合理地选用。

2 埋地钢管应设置整体埋地型电绝缘装置，以形成相互独立、体系统一的阴极保护系统。

3 被保护管道应具有良好的电连续性。

4 埋地钢管阴极保护系统应按有关规定设置测试装置。

5.5.6 当埋地钢管与高压直流输电系统、直流牵引电气化轨道交通系统、其他阴极保护系统或其他直流干扰源接近时，应进行实地调查，判断干扰的主要类型和影响程度，采取排流保护或其他防护措施。

5.5.7 埋地钢管的直流排流设计应符合现行国家标准《埋地钢质管道直流干扰防护技术标准》GB 50991 的有关规定。

5.5.8 交流电击腐蚀的保护应符合下列规定：

1 当钢管在高压交流电力系统接地体附近埋设时，必须采取安全可靠的防护措施，埋地钢管与交流电力线接地体的最小净距应符合表 5.5.8 的规定。

表 5.5.8　埋地钢管与交流电力线接地体的最小净距(m)

电压等级(kV)	10	35	110	220
铁塔或电杆接地体	1	3	5	10
电站或变电所接地体	5	10	15	30

注：当埋地钢管与交流电力线接地体的净距不能满足表 5.5.8 的要求时，在采取隔离、屏蔽、接地等防护措施后，表 5.5.8 规定的净距可适当减小，但最小水平距离不应小于 0.5 m。

2 当埋地钢管与高压交流输送线路长距离平行敷设，距离较近，经测试确认管道受到交流干扰影响和危害时，应按现行国家标准《埋地钢质管道交流干扰防护技术标准》GB/T 50698 的有关规定,设置必要的减缓或排除交流干扰电压的措施。

5.5.9 受轨交系统杂散电流干扰影响的埋地钢管,应按现行上海市工程建设规范《埋地钢质燃气管道杂散电流干扰评定与防护标准》DG/TJ 08—2302 的有关规定采取防护措施。

5.5.10 地面以上敷设的城镇高压、超高压天然气管道需要保温时,保温层材料和保护层材料的性能应符合现行国家标准《工业设备及管道绝热工程设计规范》GB 50264 的有关规定。

5.5.11 城镇高压、超高压天然气管道宜能通行内检测装置。

5.6 管道防浮计算

5.6.1 在地下水位高的地区,回填土的厚度应足以防止管道浮起,填土层的厚度可按下式计算:

$$H = \frac{F}{\rho_{\pm} D l g} \tag{5.6.1}$$

式中:H——最小填土层厚度(m);

F——液体对管道的浮力(N),$F = V \rho g$;

$\rho_{\pm}$——土壤的密度(kg/m³)[本市一般土的干密度为 1 800 kg/m³,浸没在水中的湿密度为 1 900 kg/m³,计算时考虑填土后全部浸没在水中,并考虑一定的安全余量,$\rho_{\pm}$ 取 1 800 kg/m³];

D——管道外径(钢管包括绝缘层)(m);

l——管道长度(m);

V——液体体积(管道排开液体的体积)(m³);

ρ——液体的密度(kg/m³);

g——重力加速度(m/s²)。

5.6.2 当填土厚度不足以防止浮管时,应通过计算采取每隔一定距离打一组混凝土方桩或槽钢,或使用钢筋混凝土防浮块。具体防浮措施可按图 5.6.2 采用。

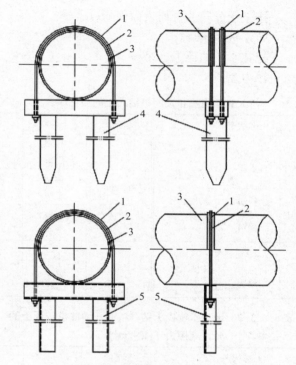

1—圆钢抱箍;2—绝缘橡胶;3—天然气管道;
4—钢筋混凝土方桩;5—槽钢

图 5.6.2　防浮措施

5.6.3　防浮桩的间距和桩长应根据不同管径钢管的浮力和桩的材料以及土壤对桩的摩擦系数通过计算来确定。计算出的防浮桩摩擦力应大于管道的浮力,即

$$R_a > F$$
$$R_a = \sum fA - (mg - F_q) \qquad (5.6.3)$$

式中:R_a——防浮桩的摩擦力(kN);

$\quad f$——桩周土的允许摩擦力,对打入式灌注桩和预制桩按

表 5.6.3-1、表 5.6.3-2 选用(kN/m³);

A——按土层分段的桩周表面面积(m^2);

m——防浮桩质量(t);

F_q——桩在水中的浮力(kN);

F——浮力差值。

表 5.6.3-1　打入式灌注桩和预制桩桩周土的允许摩擦力 f(kN/m^2)

土　质	土的状态	f	土　质	土的状态	f
房渣填土、亚黏填土、淤泥	已完成自重固结	20~30 5~8 10~11.5	红黏土	软塑 可塑	3~15 15~35
			粉、细砂	稍密 中密	15~25 25~40
黏土、亚黏土	软塑 可塑 硬塑	15~20 20~35 35~40	中砂	中密 密实	30~35 35~45
轻亚黏土	软塑 可塑 硬塑	15~25 25~35 35~40	细砂	中密 密实	35~40 40~50

表 5.6.3-2　地下水位以上钻、挖、冲孔灌注桩桩周土的
允许摩擦力 f(kN/m^2)

土　质	土的状态	f	土　质	土的状态	f
炉灰填土、房渣填土、亚黏填土	已完成自重固结	8~13 20~30	轻亚黏土	软塑 可塑 硬塑	22~30 30~35 35~45
黏土、亚黏土	软塑 可塑 硬塑	20~30 30~35 35~40	粉、细砂	稍密 中密 密实	20~30 30~40 40~60

注:淤泥、淤泥质土可按表 5.6.3-1 采用。

5.7　阀门设置

5.7.1　阀门位置应选择在交通方便、地形开阔、便于安装和检修

的地方。阀门的设置应符合下列规定：

    1 在门站、调压站的进出站处应设置阀门。

    2 在城镇高压、超高压天然气干管上和天然气支管的起点处应设置阀门。

    3 城镇高压、超高压天然气管道阀门的选用应符合国家现行有关标准的规定，应选择适用于燃气介质的阀门。线路截断阀宜采用可远程控制的阀门，同时具有手动操作功能。

    4 在防火区内关键部位使用的阀门，应具有耐火性能。

    5 需要通过清管器的阀门，应选用全通径阀门。

    6 阀门宜埋地设置，自动阀门的电动驱动部分应设置于地上阀室内。

5.7.2 城镇高压、超高压天然气管道上应设置分段线路截断阀，干管上线路截断阀最大间距应符合下列规定：

    在以一级地区为主的管段   32 km；

    在以二级地区为主的管段   24 km；

    在以三级地区为主的管段   16 km；

    在以四级地区为主的管段   8 km。

5.7.3 截断阀及集中放散管与周围建(构)筑物的最小防火间距应符合表 5.7.3 的规定。

表 5.7.3 截断阀及集中放散管与周围建(构)筑物最小防火间距(m)

建(构)筑物	防火间距	
	截断阀	集中放散管
明火散发点	30	50
重要建筑	30	50
一般建筑	25	50
电杆(杆高倍数)≤35 kV	1.0	1.0
电杆(杆高倍数)>35 kV	1.5	1.5
通讯照明电杆(杆高倍数)	1.0	1.0

建(构)筑物	防火间距	
	截断阀	集中放散管
铁路、地铁线路	30	30
地铁站	50	50
城市地上轨道线路(包括磁悬浮列车)	50	50
高架公路、高速公路	30	30
主要公路	15	15
次要公路	10	10
高杆树林	10	10

注:1 表中的间距建筑是以建筑外墙为起算点;集中放散管是以管中心为起算点。

  2 与铁路的防火间距按铁路的中心线算起;与地铁站的防火间距应按建筑物的外墙的最近距离计算。

  3 与高架和高速公路的防火间距应按构筑物凸出部分和公路的坡脚算起。

  4 与公路之间的间距按道路的路肩算起。

  5 设置集中放散管时,防火间距可减少50%。

5.7.4 截断阀的建筑设计应符合现行国家标准《建筑设计防火规范》GB 50016 的有关规定,截断阀的辅助生产设施要求应符合本标准第 6.3 节的有关规定。

5.8 管道的安全泄放

5.8.1 城镇高压、超高压管道线路截断阀上、下游均应设置放散管。放散管应能迅速放散两阀门之间管段内的气体。放散阀直径与放散管直径应相等。

5.8.2 安全阀的定压应小于或等于受压设备的设计压力。安全阀的定压(P_0)应根据最大操作压力(P)确定,并应符合以下要求:

当 1.6 MPa$<P\leqslant$6.3 MPa 时,$P_0=1.1P$。

5.8.3 安全放散管直径应按下列要求计算：

1 单个安全阀的放散管,应按放散时产生的背压不大于该阀放散压力的10%确定,但不应小于安全阀的出口管径。

2 连接多个安全阀的放散管,应按所有安全阀同时放散时产生的背压不大于任何一个安全阀的放散压力的10%确定,且放散管截面积不应小于安全阀放散支管截面积之和。

5.8.4 需集中放散的气体应经集中放散管排入大气,并应符合环境保护和安全防火要求。

5.8.5 集中放散管应设置在不致发生火灾危险和危害居民健康的地方。其高度应高出距其25 m范围内的建(构)筑物高出2 m及以上,且总高度不应小于10 m。

5.8.6 集中放散管的设置应符合下列规定：

1 集中放散管直径应能满足最大放散量的要求。

2 严禁在集中放散管顶部装设弯管。

3 集中放散管宜设置阻火器与消音装置,并应有稳管加固措施,底部宜有排除积水的措施。

5.9 穿越管道设计

5.9.1 城镇高压、超高压天然气管道穿越铁路、公路、高速公路、高架道路、轨道交通(包括磁悬浮列车道)、电车轨道、河流时,可采用开挖、顶管、水平定向钻及隧道穿越等施工方法。

5.9.2 采用顶管法穿越应符合下列规定：

1 管道应外加钢制套管或钢筋混凝土套管保护,并不得有机械接口。

2 套管埋设的深度：自套管顶至路面不应小于1.2 m,自套管顶至铁路路轨枕木底不应小于1.6 m;当不能满足上述要求时,应采取有效的保护措施。自套管顶至规划河底的覆土厚度应根据水流冲刷条件确定。对不通航河流,不应小于0.5 m;对通航的河流,不应小于 1.0 m。还应考虑疏浚和投锚的深度,并应符合各主管部门的要求。

3 套管内径应比天然气管道外径大 100 mm 以上。

4 套管两端管口应封堵,套管与天然气管道的间隙应采用泡沫混凝土、水泥砂浆等材料填充。

5 套管端部距铁路、公路路堤坡脚外、电车轨道边轨或河流蓝线外的距离不应小于 2 m。

6 穿越的管道与铁路、公路、电车轨道、主要干道或河流等宜垂直交叉。

5.9.3 采用水平定向钻法穿越应符合下列规定:

1 管道宜采用直缝埋弧焊接钢管。

2 水平定向钻敷设穿越管段的入土角宜为 6°～20°,出土角宜为 4°～12°;穿越管段曲率半径不宜小于 1 500 倍钢管外径,且不应小于 1 200 倍钢管外径。

3 穿越施工前应对穿越管道进行强度试验和严密性试验。

4 管道管顶的覆土厚度除应满足现行国家标准《油气输送管道穿越工程设计规范》GB 50423 的有关规定外,还应符合当地管理部门的规定。

5 宜在焊缝补口处设置保护措施。

6 在穿越天然气管道位置的上、下游应设立警示标志。

7 穿越的管道与铁路、公路、电车轨道、主要干道或河流等宜垂直交叉。

6 天然气场站设计

6.1 选址与布置

6.1.1 门站应根据城市供气规模、长输管道来气压力、气量等合理布局其位置及数量。

6.1.2 场站站址的选择应符合下列规定：

    1 应具有适宜的地形、工程地质、交通、供电、给排水和通信等条件。

    2 应考虑对当地环境、卫生条件的影响和附近企业对场站的影响。

    3 不应选择在人员或建筑物密集场所附近。

    4 宜布置在城镇和居民区的全年最小频率风向的上风侧。

6.1.3 场站与周围建（构）筑物的最小水平净距应符合表 6.1.3 的规定。

表 6.1.3　场站与周围建（构）筑物最小水平净距（m）

建（构）筑物	防火间距		
	门站	高-高压调压站	集中放散管
明火散发点	50	30	50(30)
重要建筑	50	30	50(30)
一般建筑	30	25	25
35 kV 及以上独立变电所	30	30	30
电杆（杆高倍数）≤35 kV	1.5	1.5	1.5
电杆（杆高倍数）>35 kV	1.5	1.5	1.5
通信照明电杆（杆高倍数）	1.5	1.5	1.5

续表6.1.3

建(构)筑物	防火间距		
	门站	高-高压调压站	集中放散管
铁路、地铁线路	30	30	30
地铁站	50	50	50
城市地上轨道交通线路 （含磁悬浮线路）	50	50	50
高架公路及高速公路	30	30	30
主要公路	15	15	15
次要公路	10	10	10

注：1　表中的间距建筑是以建筑外墙为起算点；场站是以工艺装置的外缘为起算点；集中放散管是以管中心为起算点。

　　2　与铁路的防火间距按铁路的中心线算起；与地铁站的防火间距应按建筑物的外墙的最近距离计算。

　　3　与高架和高速公路的防火间距应按构筑物凸出部分和公路的坡脚算起。

　　4　与公路之间的间距按道路的路肩算起。

　　5　加压站与周边的安全间距按门站执行，计量站、清管站与周边的安全间距按高-高压调压站执行。

　　6　表中括号外间距为门站放散管与周边的明火或重要建筑的安全间距，括号内间距为调压站放散管与周边的明火或重要建筑的安全间距。

　　7　高-高压调压站设置集中放散管时，防火间距可减少50%。

6.1.4　场站总平面布置的最小水平净距应符合表6.1.4的规定。

表6.1.4　场站总平面布置的最小水平净距（m）

设备名称	防火间距		
	露天工艺装置	加压装置	集中放散管
明火点或散发火花地点	20	20	30
露天工艺装置	—	9	20
加压装置	9	—	20
加热炉	10	15	25
生产辅助用房（含值班室、休息室、 仪表间、监控室或锅炉房）	12	12	25

设备名称	防火间距		
	露天工艺装置	加压装置	集中放散管
消防水泵房或消防水池取水口	20	20	20
10 kV 及以下户外变压器和配电室	12	12	25
办公建筑	18	18	25
厂区主要道路	5	5	2

注:1　门站内露天工艺装置设施与围墙的间距不小于10 m,集中放散管与围墙的
　　　间距不小于2 m。
　　2　调压站的集中放散管与露天工艺装置和加压装置的最小水平净距不小于
　　　10 m。

6.1.5　对于建设在用户厂区内的大用户站,其与厂区内建(构)筑物及设施的最小水平净距按照本标准表 6.1.4 的规定执行,工艺装置区四周 4.5 m 之外宜设置隔离设施。

6.1.6　天然气场站与相邻企业的天然气场站毗邻建设时,其最小水平净距可按本标准表 6.1.4 的规定执行。

6.2　场站工艺及设施

6.2.1　场站接收气源来气并具有过滤、计量、调压等功能,宜预留接口。

6.2.2　当进站管道和出站管道采用清管工艺时,应在场站内设置清管器的接收和发射装置及电子检管器的进出口装置。

6.2.3　场站的工艺设计应符合下列规定:

　　1　当上游场站不能提供在线传输气质参数时,门站应设置在线气质检测。

　　2　根据门站上游压力和下游用气条件,必要时可在站内设置加压装置。

　　3　站内应设置天然气流量、压力、温度指示仪表和可燃气体

浓度检测设备,并应设置必要的远程遥控装置。

4 站内应根据输配系统调度和设备维护要求分路设置过滤、计量和调压装置,并应设备用。工艺设备宜设置在露天或罩棚下。

5 应根据进站管道来气的气质情况,在站内进站总管上设置旋风分离器。

6 进出站管道上必须设置燃气用切断阀门,可采用手动、遥控或自动阀门。

7 站内管道上应设安全保护及安全放散装置。

8 站内工艺设施应接地,场站内外工艺管道连接处应设置绝缘接头。

9 站内应设置与管网 SCADA 系统相匹配的站控系统或远程终端监测(控)装置。

10 站内设备应便于巡视、操作、维修,设备与仪表维修时应能保证连续供气。

6.2.4 调压装置的设置应符合下列规定:

1 应满足最大设计流量的要求。

2 应适应进口天然气的最高、最低工作压力的工况。

3 应适应供气高峰、低峰的流量变化和供气初期的低流量工况。

4 调压设备的出口处应设防止天然气出口压力过高的安全保护装置。

6.2.5 场站内的计量系统及其配套仪表的设计应符合现行国家标准《天然气计量系统技术要求》GB/T 18603 的有关规定。

6.2.6 天然气加热装置的设置应根据天然气流量、压力降等工艺条件确定,加热能力应保证天然气设备、管道及附件正常运行。

6.2.7 当场站出站天然气需要加臭时,加臭剂质量和添加量应符合现行行业标准《城镇燃气加臭技术规程》CJJ/T 148 的有关规定。

6.2.8 场站设置的集中放散管应符合本标准第 5.8.5,5.8.6 条的规定。

6.2.9 放散管道必须保持畅通,并应符合下列规定:

1 不同排放压力的放散管宜分别设置,并应直接与集中放散管连接。

2 不同排放压力的可燃气体放散管接入同一排放系统时,应确保不同压力的放散点能同时安全排放。

6.2.10 场站内的工艺管道和设备应进行外防腐,对于埋地管道还应进行阴极保护。其设计应符合现行行业标准《城镇燃气埋地钢质管道腐蚀控制技术规程》CJJ 95、《钢质储罐腐蚀控制技术规范》SY/T 6784、《化工设备、管道外防腐设计规范》HG/T 20679 以及《石油天然气站场阴极保护技术规范》SY/T 6964 的有关规定。

6.3 辅助生产设施

6.3.1 场站内的电气设计应符合下列规定:

1 门站内供电系统设计应符合现行国家标准《供配电系统设计规范》GB 50052 中"二级负荷"的规定。

2 场站内爆炸危险区域等级和范围的划分宜符合现行国家标准《爆炸危险环境电力装置设计规范》GB 50058 的有关规定。场站生产区内建筑物室内的电气防爆等级应符合现行国家标准《爆炸危险环境电力装置设计规范》GB 50058 的有关规定。

3 场站内爆炸危险场所的电力装置设计应符合现行国家标准《爆炸危险环境电力装置设计规范》GB 50058 的有关规定。

4 消防控制室、消防泵房、变配电室、自备发电机房、控制室、压缩机房等应设置应急照明,其连续供电时间不应小于 0.5 h。应急照明和疏散指示标志的设置应符合现行国家标准《建筑设计防火规范》GB 50016 的有关规定。

6.3.2 场站的消防设计应符合下列规定:

1 站内建筑物灭火器的配置应符合现行国家标准《建筑灭

火器配置设计规范》GB 50140 的有关规定。

    2   站内室外消火栓宜选用地上式消火栓。

    3   压缩机室、调压计量室等具有爆炸危险的生产用房应符合现行国家标准《建筑设计防火规范》GB 50016 中"甲类生产厂房"的规定。

    4   门站和有人值守的调压站内可设有回车场的尽头式消防车道。回车场的面积不宜小于 12 m×12 m。

6.3.3   场站内爆炸危险厂房和装置区内应装设燃气浓度检测报警装置。

6.3.4   场站的噪声应符合现行国家标准《工业企业厂界环境噪声排放标准》GB 12348 的有关规定。

6.3.5   场站内防雷设计应符合现行国家标准《建筑物防雷设计规范》GB 50057 的有关规定。

6.3.6   场站的静电接地设计应符合现行行业标准《化工企业静电接地设计规程》HG/T 20675 的有关规定。

6.3.7   场站内达到现行国家标准《污水排入城镇下水道水质标准》GB/T 31962 要求的生产废水和生活污水可就近排入市政污水管网；不达标的应集中回收或就地进行处理。

6.3.8   场站内建（构）筑物的抗震设计应符合现行国家标准《建筑抗震设计规范》GB/T 50011 和《构筑物抗震设计规范》GB 50191 的有关规定。

6.3.9   场站内应设置视频监控系统和周界入侵报警系统。视频监控系统的设计应符合现行国家标准《视频安防监控系统工程设计规范》GB 50395 的有关规定。周界入侵报警系统的设计应符合现行国家标准《入侵报警系统工程设计规范》GB 50394 的有关规定。

7 管道和设备的施工及安装

7.1 土方工程

7.1.1 设计、勘测单位应在现场与施工单位进行控制(转角)桩的交接,施工单位应将桩移到施工作业带的边缘,施工完成后应将设计控制(转角)桩恢复到原位。

7.1.2 在施工区域内,有碍施工的已有建筑物和构筑物、道路、沟渠、管线、电杆、树木等,应在施工前由建设单位与有关单位协商移除。

7.1.3 管沟开挖前,设计人员应向施工人员作好技术交底,说明地下设施的分布情况;当有地下设施或地下文物时,在其两侧 3 m范围内,应采用人工开挖。对于重要设施和文物,开挖前应征得相关管理单位的同意,必要时在其监督下开挖,并对挖出的设施和文物给予必要的保护。

7.1.4 管沟的开挖深度应符合设计要求,石方段管沟开挖深度应比土方段管沟深 0.2 m,以便铺垫层保护管道防腐层。

7.1.5 管沟的沟底宽度、梯形槽上口宽度、最大边坡坡度应符合现行国家标准《城镇燃气输配工程施工及验收标准》GB/T 51455的有关规定。

7.1.6 管道沟槽应按设计所定平面位置和标高开挖,为防止槽底地基扰动,不应超挖。槽底预留值不应小于 0.15 m,管道安装前应人工清底至设计标高。

7.1.7 管沟开挖时,应将挖出的土石方堆放在与施工便道相反的一侧,堆土距沟边不应小于 0.5 m。

7.1.8 当土质疏松的管沟深度超过 1 m 时,应采用支撑加固沟壁;当深度超过 1.5 m,或遇流砂土质以及管沟距离电线杆小于或等于 1 m 时,应作连续支撑。

7.1.9 在地下水位较高的地区或雨季施工时,应采取降低地下水位或排水措施,及时清除沟内积水。

7.1.10 局部超挖部分应回填夯实。当沟底无地下水时,超挖在 0.15 m 以内者,可用原土回填夯实,其密实度不应低于原地基天然土的密实度;超挖在 0.15 m 以上者,可用石灰土或沙处理,其密实度不应低于 95%。当沟底有地下水或沟底土层含水量较大时,可用天然砂回填。

7.1.11 对于砂质黏土地区的开挖,不宜在雨季施工,或在施工时切实排除沟内积水,开挖中应在槽底预留 0.03 m～0.06 m 厚的土层进行夯实处理。

7.1.12 沟槽遇有废旧构筑物、硬石、木头、垃圾等杂物时,必须清除,然后铺一层厚度不小于 0.15 m 的砂土或素土并平整夯实。

7.1.13 当局部遇有软弱土层或腐蚀性土壤时,应将软弱土挖去直至挖到实土,挖去部分应用细土或黄沙填平至规定标高。对有腐蚀性的土壤,应在管底和管两侧填埋石灰土,管顶以上用不含腐蚀性的土壤回填,或按设计要求进行处理。

7.2 埋地管道敷设

7.2.1 焊接材料的选用、保管及使用应符合现行国家标准《现场设备、工业管道焊接工程施工规范》GB 50236 的有关规定。

7.2.2 管道焊接施工前应先根据设计要求,制定详细的焊接工艺指导书,并按现行国家标准《钢质管道焊接及验收》GB/T 31032 的有关规定进行焊接工艺评定;然后根据评定合格的焊接工艺,编制焊接工艺规程和缺陷修补工艺规程。

7.2.3 在下列任何一种环境中,如不采取有效的防护措施,不得进行焊接:

1 雨天或雪天。

2 低氢型焊条电弧焊,风速大于 5 m/s;自保护药芯焊丝半自动焊,风速大于 8 m/s;气体保护焊,风速大于 2 m/s。

3 大气相对湿度超过 90%。

4 对于屈服强度超过 390 MPa 的管材,气温高于 30℃,且大气相对湿度超过 85%。

5 环境温度低于焊接规程中规定的温度。

7.2.4 管道敷设时,布管及现场坡口加工、管道组对及焊接应符合现行国家标准《城镇燃气输配工程施工及验收标准》GB/T 51455 的有关规定。

7.2.5 高压、超高压管道下向焊接技术要求应符合管道下向焊接工艺的有关规定。

7.2.6 高压、超高压管道管口焊接宜选用纤维型下向焊条(丝)根焊、热焊,低氢型下向焊条(丝)填充焊、盖面焊。

7.2.7 外观检验应符合下列规定:

1 焊缝外观成形应均匀一致,焊缝及附近表面不得有裂纹、未熔合、气孔、夹渣、凹坑、焊渣、引弧痕迹等缺陷。

2 下向焊内部或外部焊缝余高为 0.5 mm~1.6 mm,局部不得大于 2.5 mm 且长度不得大于 50 mm。

3 焊后错边量不应大于 1.6 mm。根焊道焊接后,禁止校正管子接口的错边量。

4 焊缝宽度在每边比坡口宽约 1.6 mm。

5 咬边深度应小于 0.3 mm;咬边深度在 0.3 mm~0.5 mm 间,则其单个长度不得超过 300 mm,累计长度不得多于 15% 焊缝周长。

6 外观检验应符合现行国家标准《现场设备、工业管道焊接工程施工质量验收规范》GB 50683 的有关规定。

7.2.8 焊缝的无损检测及验收应符合下列规定:

1 管口焊接后,应及时进行外观检验,外观检验不合格的焊口不得进行无损检测和承压试验。

2 所有对接焊口应进行 100% 射线检测和 100% 超声波检测。当无法进行射线照相检验时,可采用磁粉检测或渗透检测。

3 射线检测、超声波检测、磁粉检测应符合现行行业标准《承压设备无损检测》NB/T 47013 的有关规定,且应在焊口自然冷却后进行。

4 焊缝射线检测验收标准为Ⅱ级合格,焊缝超声波检测验收标准为Ⅰ级合格,磁粉检测或渗透检测验收标准为Ⅰ级合格。

7.2.9 返修应符合下列规定:

1 施工前应编制返修焊接工艺,并严格按照规定评定合格。

2 对需要返修的缺陷在确定其位置后,分析缺陷产生的原因,提出改进措施,并按照返修焊接工艺进行返修。

3 焊缝同一部位返修次数不得超过 2 次,且返修焊缝长度应大于 50 mm。

4 返修前应将缺陷清除干净,必要时可采用表面无损检测检验确认。

5 待补焊部位应开宽度均匀、表面平整、便于施焊的凹槽,且两端有一定坡度。

6 如需预热,预热温度应较原焊缝适当提高。

7 返修焊缝性能和质量要求应与原焊缝相同。

8 存在下列任一情况时,不得返修,应割除整个焊口重焊:

1) 需返修的焊缝总长度超过 30% 焊口周长。

2) 需去除根道焊的返修焊缝总长超过 20% 焊口周长。

3) 裂纹长度超过焊缝长度的 8%。

9 返修焊接及检测必须有详细的原始记录和管接标记。

7.2.10 管道镶接应符合下列规定:

1 各管段镶接距离应不小于以下长度:

1) 镶接段的两侧管段位于同心位置时,镶接距离不宜小于 2 m。

2）镶接段的两侧管段不处于同心位置且需设置弯管时,镶接距离不应小于 4 m。

2 镶接施工应采用焊接,不得使用法兰。

7.2.11 管道敷设与管沟回填应符合现行国家标准《城镇燃气输配工程施工及验收标准》GB/T 51455 的有关规定。

7.2.12 定向钻穿越和顶管穿越管道施工应符合现行国家标准《油气输送管道穿越工程施工规范》GB 50424、现行行业标准《城镇燃气管道穿跨越工程技术规程》CJJ/T 250 及其他现行国家标准的有关规定。

7.3 管件、设备及附属工程安装

7.3.1 阀门安装前应按设计检查其型号、规格、压力等级和试压合格标识,并按介质流向确定其安装方向,并进行外观检查、阀门启闭检查及水压试验(阀门厂家提供书面报告)。

7.3.2 阀门安装前应制定吊装就位方案,合理安排阀室土建施工与阀门安装的交叉作业。

7.3.3 法兰连接的阀门应在关闭状态下安装,对焊阀门在焊接时应处于全开状态。

7.3.4 阀门下应设承重支撑,防止应力的产生。大型阀门安装时应预先安装好承重支撑,不得将阀门的重量附加在管道上。

7.3.5 阀室内埋地管道和阀门应在回填土前对外防腐绝缘层进行电火花检漏,防腐绝缘合格后方可回填。

7.3.6 城镇高压、超高压天然气管道穿越阀室墙体或基础的缝隙应按设计要求封堵严密。

7.3.7 管件、设备安装应符合下列规定:

1 管件、设备必须有出厂合格证明。

2 管件、设备安装前必须按设计要求核对无误,并进行外观检查,符合要求方准使用。

3 安装前应将管件及设备内部清理干净,不得存有杂物。

4 安装时不得有再次污染已吹扫完毕管道的操作,每处安装必须一次完成。

5 管件、设备应抬入或吊入安装处,不得采用抛、扔、滚的方式。

6 安装完毕后应及时对连接部位进行防腐。

7.3.8 城镇高压、超高压天然气管道附属工程的设置和安装应符合下列规定:

1 管道锚固

1)埋地管道上弯管或迂回管处产生的纵向力,应由弯管处的锚固件、土壤摩阻或由管子中的纵向力加以抵消。

2)若弯管处不用锚固件,则应在靠近推力起源点处的管子接头部位按能承受纵向拉力进行设计。若管子接头处不按上款进行设计,则应加装适用的拉杆或拉条。

2 管道标志

标识的设置以及标记内容与格式应符合设计要求及现行上海市工程建设规范《燃气管道设施标识应用规程》DG/TJ 08—2012 和现行上海市建筑标准设计《燃气管道设施标识应用图集》DBJT 08—132 的有关规定。

3 警示带敷设

1)埋设天然气管道的沿线应连续敷设警示带。警示带敷设前应对敷设面初步夯实,然后将其对称、平整地敷设在管道的正上方,距管顶的距离不小于 0.3 m,但不得埋入路基和混凝土路面里。

2)警示带宜采用聚乙烯等不易分解的材料制作,警示带宽度应视管道管径大小而定。

7.4 管道防腐

7.4.1 埋地钢管和防腐原材料的检查应符合下列规定:

1 钢管材质、尺寸等参数应符合设计要求,并有出厂合格证和检验报告。应对钢管逐根进行外观检查,质量不符合技术要求的不得使用。

2 防腐层各种原材料均应有出厂质量证明书及检验报告、使用说明书、安全数据单、出厂合格证、生产日期及有效期。环氧粉末涂料供应商应提供产品的热特性曲线等资料。

7.4.2 埋地钢管挤压聚乙烯防腐层的涂层施工和检验、辐射交联聚乙烯热收缩带(套、片)现场补口的施工和检验、回填和竣工验收,均应符合现行国家标准《埋地钢质管道聚乙烯防腐层》GB/T 23257 的有关规定。

7.4.3 定向钻穿越用天然气钢管的外防腐应符合现行行业标准《钢质管道熔结环氧粉末外涂层技术规范》SY/T 0315 的有关规定。

7.4.4 阀门阀体及管道管件的被防腐体表面除锈质量应达到 Sa2 级,除锈后应尽快防腐,且选用的防腐材料、施工和检验方法应与管道选用材料、方法相同。

7.4.5 埋地钢管绝缘防腐层的现场质量检验应符合下列规定:

1 钢管外防腐层材料的规格品种、技术性能应符合国家现行相关标准的规定和设计文件要求,并在有效期内使用。

2 防腐成品管及管道补口的防腐层结构、防腐等级、外观质量检验、绝缘防腐层的厚度、粘结力和连续性应符合国家现行相关标准的规定和设计文件要求。

3 防腐成品管下管前应用电火花检漏仪进行涂层检查,在土壤回填后应对管道防腐层的完整性进行复查。

7.4.6 埋地钢管的阴极保护系统的施工和验收应符合下列规定:

1 钢管外防腐性能经检验合格后,方可进行阴极保护系统工程的施工。

2 埋地钢管的阴极保护系统的施工和质量检查验收应符合现行国家标准《钢质管道外腐蚀控制规范》GB/T 21447、《埋地钢质管道阴极保护技术规范》GB/T 21448 和现行行业标准《城镇燃气埋地钢质管道腐蚀控制技术规程》CJJ 95 的有关规定。

7.4.7 埋地钢管直流干扰防护系统的施工、效果评定应符合现行国家标准《埋地钢质管道直流干扰防护技术标准》GB 50991 的有关规定。

7.4.8 埋地钢管交流干扰防护系统的施工、效果评定应符合现行国家标准《埋地钢质管道交流干扰防护技术标准》GB/T 50698 的有关规定。

7.4.9 地上钢管防腐层的施工应符合现行国家标准《城镇燃气输配工程施工及验收标准》GB/T 51455 的有关规定。

7.5 场站的施工

7.5.1 场站工程必须严格按照设计进行,施工过程中对设计的修改必须征得原设计单位的同意,并出具修改通知后方可进行。

7.5.2 场站的消防、电气、采暖与卫生、通风与空气调节等配套工程的安装与验收应符合国家现行有关标准的规定。

7.5.3 场站内各种设备、仪器、仪表的安装应按产品说明书和有关规定进行。

7.5.4 场站内天然气管道的安装和防腐应符合本标准第 7 章的有关规定。

7.5.5 场站内施工应符合现行上海市工程建设规范《城镇天然气站内工程施工质量验收标准》DG/TJ 08—2103 的有关规定。

7.5.6 调压器、安全阀、过滤器、检测仪表及其他设备均应具有产品合格证,安装前应进行检查。安全阀、检测仪表等应按有关规定进行检定。

7.5.7 场站内所有非标准设备应按设计要求制造和检验。除设计另有规定外,一般设备均按制造厂说明书进行安装与调试。

7.5.8 法兰、螺栓、螺母、垫圈等必须严格按照设计的要求选用。

1 法兰与管子对接时,法兰端面应与管子中心线相垂直,其偏差度可用角尺和钢尺检查。当 $DN \leqslant 300$ mm 时,允许偏差度为 1 mm;当 $DN > 300$ mm 时,允许偏差度为 2 mm。法兰螺栓孔对称水平度为 ±1.6 mm。

2 法兰连接应符合下列规定:

1) 法兰应在自由状态下安装连接。

2) 法兰连接时应保持平行,其偏差不大于法兰外径的 1.5‰,且不大于 2 mm,不得用强紧螺栓的方法消除偏斜。

3) 法兰连接应保持同一轴线,其螺孔中心偏差一般不超过孔径的 5%,并保证螺栓自由穿入。

4) 法兰垫片应符合标准,不允许使用斜垫片或双层垫片。采用软垫片时,周边应整齐,垫片尺寸应与法兰密封面相符。

5) 螺栓与螺孔的直径应配套,并使用同一规格螺栓,安装方向一致,紧固螺栓应对称均匀,松紧适度,紧固后的螺栓端部宜与螺母齐平。

6) 螺栓紧固后,应与法兰紧贴,不得有楔缝。需要加垫圈时,每个螺栓所加垫圈不应超过 1 个。

7.5.9 管道法兰安装时,螺栓、螺母应涂以二硫化钼油脂、石墨机油或石墨粉。

7.5.10 调压站内管道安装应符合下列规定:

1 焊缝、法兰和螺纹等接口,均不得嵌入墙壁与基础中。管道穿墙或基础时,应设置在套管内。焊缝与套管一端的间距不应小于 30 mm。

2 调压器的进出口应按箭头指示方向连接。

3 站内管道应横平竖直,调压器前后的直管段长度应严格按设计及制造厂说明及技术要求施工。

4 管道与设备之间的连接应根据选择设备的结构不同,采用不同的连接方法。

    5   设备应采用可移动钢支座支撑固定。

7.6 材料存放、装卸、运输及验收

7.6.1 主要材料、管道附件、设备验收的一般规定如下：

    1 管材、管件应具有国家专业检测机构的产品质量检验报告和生产厂的产品合格证。管材、管件的标识应清晰、明确并具有唯一性，产品质量检验报告应内容齐全，并与管材、管件一一对应，具有可追溯性。

    2 工程所用材料、管道附件、设备的材质、规格和型号必须符合设计要求。

    3 管道弯管宜采用无缝、直缝结构，不应采用螺旋焊缝钢管制作。弯管本体不应有丁字或环形焊缝。应按有关标准及设计要求制作、检验弯管。

    4 管道线路的弯管、冷弯管、弹性敷设管段质量要求宜符合表 7.6.1 的规定。

表 7.6.1 弯管、冷弯管、弹性敷设管段质量要求

种 类		曲率半径 R	外观和主要尺寸	其他规定
弯管		$\geqslant 5D$	无褶皱、裂纹、重皮、机械损伤；弯管椭圆度小于或等于 2.0%；R 等于 5D 时，壁厚减薄率小于或等于 9.0%	
冷弯管	$D \leqslant 323.9$ mm	$\geqslant 30D$	无褶皱、裂纹、机械损伤，弯管椭圆度小于或等于 2.0%	端部保留 2 m 直管段，弯管椭圆度小于或等于 1%
	$D > 323.9$ mm	$\geqslant 40D$		
弹性敷设管段		$\geqslant 1\,000D$	无褶皱、裂纹、机械损伤，弯管椭圆度小于或等于 2.0%	符合设计要求

    注：D—管道外径。

7.6.2 材料存放应符合下列规定：

1 有防腐层的管材应存放在通风良好、温度不超过 40℃ 的库房或简易棚内，储存期不应超过 1 年。

2 钢管或防腐钢管应水平堆放在平整的支撑物上，底部离地面的高度不应小于 50 mm，堆放高度不宜超过 1.5 m。管件应逐层叠放整齐，应确保不倒塌并便于拿取和管理。

3 管材存放时，应将不同直径和不同壁厚的管材分别堆放。受条件限制不能实现时，应将较大直径和较大壁厚的管材放在底部，并作好标志。

4 对易滚动的物体应作侧支撑，不得以墙、其他材料和设备作侧支撑体。

7.6.3 材料存放及钢管装卸、运输一般规定如下：

1 管材、管件存放、搬运和运输时，应用非金属绳捆扎，不得抛摔和激烈撞击。

2 管材、管件存放、搬运和运输时不得曝晒和雨淋，不得与油类、酸、碱、盐等其他化学物质接触。

3 管材、管件从生产到使用之间的存放期不宜超过 1 年。

7.6.4 材料、设备检验及修理应符合下列规定：

1 应对工程所用材料、管道附件、设备的出厂合格证、质量证明书以及材质证明书进行检查；当对其质量（或性能）有怀疑时应进行复验，不合格者不得使用。

2 应按制管标准检查钢管的外径、壁厚、椭圆度等钢管尺寸偏差。钢管表面不得有裂纹、结疤、折叠以及其他深度超过公称壁厚下偏差的缺陷。

3 钢管如有折曲、凹坑、凹槽、刻痕、压扁等有害缺陷应修复或消除后使用，并应符合下列规定：

    1）钢管端部的刻痕或夹层应打磨修复，不能修复的刻痕或夹层，应将其所在管段切除，并重新加工坡口。

    2）钢管变形或压扁量超过标准规定时，应废弃。

3）深度不超过壁厚2%、长度不超过10 mm 的非应力集中点的轻微凹坑可不修理，但不得影响对口焊接。如制管焊缝处存在凹坑，应将其所在部分管段切除。

4）钢管的折曲部分所在管段应切除。

5）严禁采用贴补焊方法进行修补。

4 制管焊缝的缺陷，应按制管标准进行修理。

5 直缝钢管弯管的纵焊应位于弯管内弧45°位置。任何受弯部位的管径变形率不应大于管子公称直径的4.9%，并能满足通过清管器(球)的尺寸要求。每个弯管端部应标注弯曲角度、钢管外径、壁厚、曲率半径及材质型号等参数。

6 各种防腐材料，包括底漆、底胶、补口和补伤材料，使用前均应按有关技术标准或设计要求作包覆或涂敷的抽检试验。试验不合格的，应按取样数目加倍抽检试验；如仍不合格，则不得投入使用。

8 清管、试压和干燥

8.1 一般规定

8.1.1 高压、超高压天然气管道应在下沟回填后依次进行清管、试压,在投产前还应进行天然气管道的干燥和置换。清管、试压应分段进行,分段长度不宜超过 18 km。线路截断阀不应参加试压前的清管。

8.1.2 分段试压合格后,连接各管段的碰口焊接应进行 100％超声波检测和 100％射线检测,合格后可不再进行试压。经单独试压的线路截断阀及其他设备可不与管线一同试压。

8.1.3 当试压中有泄漏时,应泄压后修补。修补合格后应重新试压。

8.1.4 管道清管、试压及干燥和置换施工前,应编制专项施工方案,制定安全措施,并充分考虑施工人员及附近公众与设施安全。清管、试压及干燥和置换作业应统一指挥,并配备必要的交通工具、通信及医疗救护设备。

8.2 清 管

8.2.1 分段试压前,应采用清管器进行清管,分段清管的长度不宜超过 18 km。管道全部竣工后应进行整体清管。

8.2.2 分段清管应在待清通管的始终点分别安装临时清管收发装置,不得使用场站内设施,管道沿途应设置测压点。清管收发装置盲板后方 50 m 内不得有居民用房等设施。

8.2.3 清管器直径过盈量应为管内径的 3％～5％。

8.2.4 不同管径的管道应选用相应规格的清管器作分级清通,先大口径后小口径,先干管后支管。

8.2.5 清管前,应确认清管段内的线路截断阀处于全开状态。

8.2.6 清管时的最大压力不得超过管线设计压力,且不应大于0.8 MPa。

8.2.7 清管器应适用于管线弯头的曲率半径。

8.2.8 清管过程中,沿途每隔一定距离必须设置人员监听管内清扫情况。

8.2.9 管道清通合格标准:清通次数不得少于2次,清通后应以接收端无杂质、污水等排出为合格,同时做好记录。

8.3 强度试验

8.3.1 强度试验应采用洁净水作为试压介质,阀室和场站内的工艺管道现场条件不允许进行水压试验时,经建设单位与设计单位同意,也可采用气压试验代替水压试验,并应采取安全保护措施。

8.3.2 试压用的压力表应经过校验,并应在有效期内。压力表精度不应低于1.0级,量程为试验压力的1.5倍~2倍,表盘直径不应小于150 mm,最小刻度不应大于0.02 MPa。试压时的压力表应不少于2块,分别安装在试压管段的两端。稳压时间应在管段两端压力平衡后开始计算。

8.3.3 试压管段的两端应各自安置1支温度计,且避免阳光直射。试压用温度计精度不应低于1级,测量范围应满足测量要求,温度计的最小刻度不应大于0.5℃。

8.3.4 试压设备(水泵等)的压力、排量选择要适当,应满足试压工艺要求并有一定余量。

8.3.5 试压用阀门的压力等级应满足试验压力的要求。

8.3.6 试验时,升压应平稳。当升压至试验压力的1/3时,稳压

15 min,再升压至试验压力的 2/3,稳压 15 min,再升压至试验压力。

8.3.7 以水为介质的强度试验,试验压力应为设计压力的 1.5 倍;以气体为介质的强度试验,试验压力应为设计压力的 1.15 倍。强度试验稳压时间为 1 h,无变形、无泄漏为合格。

8.3.8 试压宜在环境温度 5℃以上进行,否则应采取防冻措施。

8.3.9 试压用水为无腐蚀性的洁净水,水的 pH 值应为 6~8,总的悬浮物不宜大于 50 mg/L。

8.3.10 试压时,试验压力小于 4 MPa 的管线两侧各 30 m 范围划为警戒区,试验压力大于 4 MPa 的管线两侧各 50 m 范围划为警戒区。在警戒区内应设专人流动值守警戒。

8.4 严密性试验

8.4.1 严密性试验应在强度试验合格后进行,宜采用与强度试验相同的试验介质,试验压力应为设计压力,稳压时间为 24 h。采用水为试验介质时,不泄漏为合格;采用气体为试验介质时,修正压力降小于 133 Pa 时为合格。修正压力降应按下式确定:

$$\Delta P' = (H_1 + B_1) - (H_2 + B_2)\frac{273 + t_1}{273 + t_2} \qquad (8.4.1)$$

式中:$\Delta P'$——修正压力降(Pa);

　H_1,H_2——试验开始和结束时的压力计读数(Pa);

　B_1,B_2——试验开始和结束时的气压计读数(Pa);

　t_1,t_2——试验开始和结束时的管内介质温度(℃)。

8.4.2 试压合格后,应将管段内积水清扫干净。

8.5 干燥与置换

8.5.1 高压、超高压天然气管道在投产前,应进行天然气管道的干燥。

8.5.2 初步干燥,应通过露点－40℃以下的干空气推动泡沫清管器,清管次数不少于 3 次,每次泡沫清管器不少于 1 个,直至泡沫清管器干燥无水,进出管道前后泡沫清管器重量一致,管道出口处空气露点低于环境温度 5℃。

8.5.3 深度干燥,应继续通过露点－40℃以下的干空气对管道进行微正压吹扫,控制流速,并对沿线检测点进行露点检测,直至出口处的空气露点温度连续 4 h 夏天低于 0℃、春秋天低于－5℃、冬天低于－10℃时,记录实测露点数据。

8.5.4 管道内的气体置换应在干燥结束或投产前进行,置换过程中的混合气体应集中放散,置换管道末端应用检测仪对气体进行检测。

8.6 管道保压

8.6.1 管道竣工后若不立即投产宜采取管道保压措施。

8.6.2 管道保压采用的介质宜选用氮气。

8.6.3 保压的压力应为 0.12 MPa～0.15 MPa。

8.6.4 保压的管段上应设置测压点,测压管应引出地面。测压管上应设置阀门和压力表,压力表的精度、量程、表盘最小刻度应符合本标准第 8.3.2 条的要求。

8.6.5 保压管道应定期测定压力。若发现异常,应及时寻找漏点进行修复。

9 监控及数据采集

9.1 一般规定

9.1.1 城镇高压、超高压天然气管网系统应同步设置监控及数据采集系统。

9.1.2 监控及数据采集系统的建设和运行维护应符合安全性、可靠性、实时性、通用性、扩展性、经济性的原则。

9.1.3 监控及数据采集系统的建设应统一规划,可集中或分步、分期建设。

9.1.4 监控及数据采集系统应实时采集和监测高压、超高压天然气管网系统的生产运行数据,并根据运行数据进行分析和设备的控制,同时应满足高压、超高压天然气管网系统安全运行、事故抢修的要求。

9.1.5 监控及数据采集系统的设置应满足与运行环境相适应的防震、防爆、防火、防雷、防尘、防水、防腐蚀、防盗、防电磁干扰等要求。

9.1.6 监控及数据采集系统应具有安全和应急措施,信息安全防护措施应符合国家现行标准对信息安全管理的有关规定。

9.1.7 城镇高压、超高压天然气管网系统的监控及数据采集系统宜设置灾备中心站。

9.1.8 监控及数据采集系统的通信中信息传输介质及方式,应根据当地通信系统条件、系统规模和特点、地理环境,经全面的技术经济比较后确定。

9.1.9 监控及数据采集系统中的设备、器件、材料和仪表应选用通用性产品,系统应具有可扩性。监控及数据采集系统的电路和接口设计应符合国家现行有关标准的规定,并具有通用性、兼容性。

9.1.10 监控及数据采集系统应从硬件和软件两方面充分提高可靠性,对关键设备应采用冗余技术。

9.1.11 监控及数据采集系统的主站机房,应设置可靠性较高的不间断电源和后备电源。

9.2 功能要求

9.2.1 监控及数据采集系统应具有数据采集、监测控制、数据存储、分析处理、下达并执行控制命令等功能。

9.2.2 监控及数据采集系统除应有参数预警和事故报警功能外,还应有事件记录与管理功能。

9.2.3 监控及数据采集系统应有室外地下天然气管道的地理信息。

9.2.4 监控及数据采集系统的主站应具有良好的人机对话功能,应满足及时调整参数、处理紧急情况和调度分析的需要。

9.2.5 通信网络应在主站和远端站之间建立数据传输通道,并应符合网络安全和可靠性的要求。

9.2.6 区域调压站、专用调压站、管网压力监测点、流量采集点、重点用户或设施监控点、设置远程终端装置的线路阀室等无人值守的远端站应具备以下功能:

　　1 应采集管道温度、压力、流量、线路截断阀状态、UPS 运行及故障状态、天然气泄漏报警、防闯入等信息。

　　2 应将现场采集的数据实时传送至主站。

　　3 应具备本地控制和执行主站指令的功能。

　　4 应配置不间断供电 4 h 以上的后备电源。

　　5 软件应包括 RTU/PLC 组态软件及编程软件。

　　6 应具备接收标准时间信号、同步主站系统时钟的功能。

9.2.7 门站等有人值守远端站的场站控制系统除应具备无人值守远端站的所有功能外，尚应具备下列功能：

1 应具备采集和接收多种类型数据的功能，包括模拟量、数字量、状态量、带时间标签的事件记录、完整的计量数据及系统需要的其他数据。

2 应具备对执行机构的控制和紧急切断功能，宜具备参数信息设置功能。

3 应具备各类数据的存储、统计、分析等功能，存储时间宜大于1个月。

4 应具有电子报表的基本功能，支持组态生成报表，可即时、定时打印。

5 应具备数据检查及处理、异常数据处理、事件记录分类处理等功能，支持各种函数运算。

6 应具有异常数据、异常通信的报警功能，异常报警功能应有画面、声音、闪烁等提醒。

7 应具备接收标准时间信号、同步主站系统时钟功能。

8 应具备在线组态功能，操作时不应影响系统的正常运行。

9.3 系统构成

9.3.1 监控及数据采集系统应由主站、通信网络、远端站等构成。系统应为分布式结构，各子系统之间的接口标准应满足统一性、开放性、兼容性的要求。

9.3.2 主站应设在燃气企业的调度服务部门。远端站宜设置在区域调压站、专用调压站、管网压力监测点、流量采集点、重点用户或设施监控点、远控阀室（井）和门站等。

9.3.3 监控及数据采集系统主站应由服务器、操作员/工程师工作站、网络设备、安全设备、外部设备等组成，服务器和网络设备等宜冗余配置。远程通信网络应采用稳定、可靠的组网技术方案,宜采用专线或专用网络。

9.3.4 监控及数据采集系统的远程通信应采用认证、加密、访问控制等技术措施,实现数据的远程安全传输。

9.3.5 监控及数据采集系统重要的远端站通信宜设置备用传输信道,且备用传输信道宜采用与主用传输信道不同的通信路由;主备通信信道应具备自动切换功能。

10 工程竣工验收

10.0.1 工程竣工验收应符合现行上海市工程建设规范《城镇燃气管道工程施工质量验收标准》DG/TJ 08—2031 和《城镇天然气站内工程施工质量验收标准》DG/TJ 08—2103 的有关规定。

10.0.2 工程竣工验收后应对有关文件资料归档。

本标准用词说明

1　为便于在执行本标准条文时区别对待，对要求严格程度不同的用词说明如下：

　　1）表示很严格，非这样做不可的用词：

　　　　正面词采用"必须"；

　　　　反面词采用"严禁"。

　　2）表示严格，在正常情况下均应这样做的用词：

　　　　正面词采用"应"；

　　　　反面词采用"不应"或"不得"。

　　3）表示允许稍有选择，在条件许可时首先应这样做的用词：

　　　　正面词采用"宜"；

　　　　反面词采用"不宜"。

　　4）表示有选择，在一定条件下可以这样做的用词，采用"可"。

2　条文中指明应按其他有关标准执行时的写法为"应符合……的规定（或要求）"或"应按……执行"。

引用标准名录

1 《压力容器》GB/T 150.1～150.4
2 《高压锅炉用无缝钢管》GB/T 5310
3 《高压化肥设备用无缝钢管》GB/T 6479
4 《输送流体用无缝钢管》GB/T 8163
5 《钢制管法兰　第1部分:PN系列》GB/T 9124.1
6 《钢制管法兰　第2部分:Class系列》GB/T 9124.2
7 《石油天然气工业　管线输送系统用钢管》GB/T 9711
8 《钢制对焊管件　类型与参数》GB/T 12459
9 《钢制对焊管件　技术规范》GB/T 13401
10 《大直径钢制管法兰》GB/T 13402
11 《城镇燃气分类和基本特性》GB/T 13611
12 《钢制法兰管件》GB/T 17185
13 《天然气》GB 17820
14 《天然气计量系统技术要求》GB/T 18603
15 《钢质管道外腐蚀控制规范》GB/T 21447
16 《埋地钢质管道阴极保护技术规范》GB/T 21448
17 《埋地钢质管道聚乙烯防腐层》GB/T 23257
18 《钢质管道焊接及验收》GB/T 31032
19 《污水排入城镇下水道水质标准》GB/T 31962
20 《建筑抗震设计规范》GB 50011
21 《建筑设计防火规范》GB 50016
22 《城镇燃气设计规范》GB 50028
23 《供配电系统设计规范》GB 50052
24 《建筑物防雷设计规范》GB 50057

25 《爆炸危险环境电力装置设计规范》GB 50058

26 《建筑灭火器配置设计规范》GB 50140

27 《石油天然气工程设计防火规范》GB 50183

28 《构筑物抗震设计规范》GB 50191

29 《现场设备、工业管道焊接工程施工规范》GB 50236

30 《输气管道工程设计规范》GB 50251

31 《工业设备及管道绝热工程设计规范》GB 50264

32 《入侵报警系统工程设计规范》GB 50394

33 《视频安防监控系统工程设计规范》GB 50395

34 《油气输送管道穿越工程设计规范》GB 50423

35 《油气输送管道穿越工程施工规范》GB 50424

36 《埋地钢质管道交流干扰防护技术标准》GB/T 50698

37 《埋地钢质管道直流干扰防护技术标准》GB 50991

38 《城镇燃气输配工程施工及验收标准》GB/T 51455

39 《城镇燃气埋地钢质管道腐蚀控制技术规程》CJJ 95

40 《城镇燃气加臭技术规程》CJJ/T 148

41 《城镇燃气管道穿跨越工程技术规程》CJJ/T 250

42 《钢质管道熔结环氧粉末外涂层技术规范》SY/T 0315

43 《钢制对焊管件规范》SY/T 0510

44 《绝缘接头与绝缘法兰技术规范》SY/T 0516

45 《油气输送用钢制感应加热弯管》SY/T 5257

46 《钢质储罐腐蚀控制技术规范》SY/T 6784

47 《石油天然气站场阴极保护技术规范》SY/T 6964

48 《钢制管法兰、垫片、紧固件》HG/T 20592～20635

49 《化工企业静电接地设计规程》HG/T 20675

50 《化工设备、管道外防腐设计规范》HG/T 20679

51 《承压设备用碳素钢和合金钢锻件》NB/T 47008

52 《低温承压设备用合金钢锻件》NB/T 47009

53 《承压设备无损检测》NB/T 47013

54 《燃气管道设施标识应用规程》DG/TJ 08—2012

55 《城镇燃气管道工程施工质量验收标准》DG/TJ 08—2031

56 《城镇天然气站内工程施工质量验收标准》DG/TJ 08—2103

57 《埋地钢质燃气管道杂散电流干扰评定与防护标准》DG/TJ 08—2302

58 《燃气管道设施标识应用图集》DBJT 08—132

上海市工程建设规范

城镇高压、超高压天然气管道工程技术标准

DG/TJ 08—102—2024
J 10263—2024

条 文 说 明

2024 上海

目 次

Contents

1 总 则

1.0.1 为适应本市城镇高压、超高压天然气工程建设发展的需要,并吸收多年来的建设、管理经验,对《城镇高压、超高压天然气管道工程技术规程》DGJ 08—102—2003 进行了全面修订。

1.0.2 对本标准适用范围明确规定为门站以内城镇高压、超高压天然气管道工程。城镇天然气管道与上游长输管线之间以双方交接计量装置所在门站围墙外 1 m 作为分界。本市门站以前的长距离天然气输送管道及液化天然气工程不属于本标准范畴。

1.0.3 城镇高压、超高压天然气管道工程的建设必须根据国家的各项有关政策,结合城镇的总体规划和燃气专项规划进行设计,避免近期建设的盲目性,造成远期建设的不合理或浪费。

远近期结合,应以近期为主,适当考虑扩建的可能性,在执行中要根据具体情况进行分析处理。

3 基本规定

3.1 天然气质量

3.1.1 城镇燃气是供给城镇居民生活、商业、工业企业生产、采暖通风和空调等作燃料用的,在燃气的输配、储存和应用过程中,为了保证城镇燃气系统和用户的安全,减少腐蚀、堵塞和损失,减少对环境的污染和保障系统的经济合理性,要求城镇燃气具有一定的质量指标并保持其质量的相对稳定是非常重要的基础条件。

2019 年 6 月 1 日开始实施的现行国家标准《天然气》GB 17820 对进入长输管线的天然气质量指标有多处修改,其中两点尤其重要:

其一,修改了一类气和二类气发热量、总硫、硫化氢和二氧化碳的质量指标,修改后的天然气质量要求见表 1。

表 1 天然气质量要求

项目		一类	二类
高位发热量[a,b](MJ/m³)	≥	34.0	31.4
总硫(以硫计)[a](mg/m³)	≤	20	100
硫化氢(mg/m³)	≤	6	20
二氧化碳摩尔分数(%)	≤	3.0	4.0

注:a. 标准中使用的标准参比条件是 101.325 kPa,20℃。
　　b. 高位发热量以干基计。

其二,第 5.5 条明确规定"进入长输管道的天然气应符合一类气的质量要求"。而 2012 年版条文中无此明确要求。进入长输管道的天然气高位发热量由 31.4 MJ/m³ 修改为 34.0 MJ/m³，总硫由 200 mg/m³ 修改为 20 mg/m³，硫化氢由 20 mg/m³ 修改为 6 mg/m³。

进入本市城镇高压、超高压天然气管网的气源均来自国家天然气长输管线，进口液化天然气(LNG)的质量也完全能符合现行国家标准《天然气》GB 17820 中一类气规定的质量要求。

因此，本标准要求进入本市城镇高压、超高压天然气管网的天然气的质量符合现行国家标准《天然气》GB 17820 中一类气的质量标准。此要求符合最新国家标准，也完全可以实现。

3.1.2 现行国家标准《城镇燃气分类和基本特性》GB/T 13611 规定的天然气 12T 燃气特性指标见表 2(参比条件：15℃，101.325 kPa，干)。

表 2 12T 天然气华白数和高热值波动范围

类 别		高华白数 W_s(MJ/m³)		高热值 H_s(MJ/m³)	
		标准	范围	标准	范围
天然气	12T	50.72	45.66～54.77	37.78	31.97～43.57

注：表中高华白数 W_s 的允许变化范围为 −10%～+8%。

燃气分类与互换性是两个密不可分而又性质完全不同的问题，燃气的互换性是不能摆脱燃具来讨论的。

从国内外来看，天然气用途主要分为三大类：第一类为家庭、商业和普通工业加热用途；第二类为一些特殊的、工艺要求高的工业用途，如玻璃制品加工、金属焊接和热处理等；第三类为动力发电和化工原料等用途。天然气组成变化时，至少将从三个方面影响燃具的适应性：一是导致燃具热负荷改变而影响燃烧稳定性；二是影响燃烧完全程度，可能使烟气中 CO 含量上升，甚至析碳；三是使火焰特征(如火焰尺寸和形状)发生变化，导致火焰温度不能满足工艺要求。

为保证第一类用途燃气用具在其允许的适应范围内工作，并提高燃气的标准化水平,便于用户对各种不同燃具的选用和维修,便于燃气用具产品的国内外流通等,一般要求城镇燃气的发热量和组分应相对稳定,偏离基准气的波动范围不应超过燃气用具适应性的允许范围,也就是要符合城镇燃气互换的要求。对于第二、第三类用途,或对燃气品质变化敏感工艺,则采用专门的技术解决方案。

燃气互换性判定法可以分为指数判定法和图形判定法两类。其中,华白指数法最简便,但适用范围较窄;AGA 指数法和 Weaver 指数法适用较广,但计算繁琐;图形判定法以 Delbourg 判定法为基础,较为形象,但要作出稳定曲线,试验工作量大。

华白指数法是判别天然气互换性最常用的简便方法,但它仅是从热负荷角度来考虑互换性的,并未考虑稳定燃烧所涉及的其他因素,因而在使用上有一定的局限性。

天然气作为商品天然气供城镇燃气时,世界各国规定华白指数的允许变化范围有所不同。我国现行国家标准《城镇燃气设计规范》GB 50028 推荐城镇燃气商品气的华白指数变化允许留有 ±5％的余量。鉴于华白指数判别法具有一定的局限性,在判别天然气互换性实践过程中,宜采用多种方法相互对照印证,作出合理判断。

3.2 用气量

3.2.1 《天然气利用政策》(国家发展和改革委员会令第 15 号)将天然气用户划分为"城市燃气、工业燃料、天然气发电、天然气化工和其他用户"。

3.2.2 居民生活和商业等用气量指标,应根据当地居民生活和商业用气量的统计数据分析确定。这样做更加切合当地的实际情况,由于天然气已普及,故一般均具备了统计的条件。

3.3 天然气管道系统

3.3.1 2001 年,本市为接轨"西气东输"向上海供气,经国内外专家多次论证,本市需在城区外围敷设设计压力为 6.0 MPa 和 4.0 MPa 的天然气高压输配管网。鉴于当时正在修编的国家标准《城镇燃气设计规范》GB 50028 规定城镇燃气设计压力最高压为 4.0 MPa,故本市主管部门组织专家学者,编制完成了上海市地方标准《城镇高压、超高压天然气管道工程技术规程》DGJ 08—102—2003,其中,将高压 A 和高压 B 二级压力管道与修编中的国家标准《城镇燃气设计规范》GB 50028 相对应,而将 4.0 MPa< P≤6.3 MPa 压力的管道定名为超高压天然气管道,以满足正在进行设计和建设的上海天然气主干管网工程的需要。

3.3.3 "宜按逐步形成环状管网供气进行设计",这是为保证可靠供应的要求,否则在管道检修和新用户接管安装时,影响用户用气面太大。城镇燃气都是逐步发展的,故在条文中只提"逐步形成",而不是要求每一期工程都必须完成环状管网;但是要求每一期工程设计都宜在最后"形成环状管网"的总体规划指导下进行,以便最后形成环状管网。

3.3.4 我国天然气储备的具体政策要求详见国务院 2018 年发布的《国务院关于促进天然气协调稳定发展的若干意见》(国发〔2018〕31 号),要求"供气企业到 2020 年形成不低于其年合同销售量 10%的储气能力。城镇燃气企业到 2020 年形成不低于其年用气量 5%的储气能力,各地区到 2020 年形成不低于保障本行政区域 3 天日均消费量的储气能力"。上述指标实现后我国天然气储气能力总体水平将达到全年消费总量的约 16%,达到世界平均水平,接近国外发达国家水平。

鉴于上述要求,本条规定了城镇高压、超高压天然气输配系统应具有稳定可靠气源的基本要求,强调了气源的重要性,要求城镇高压、超高压天然气输配系统应具有一定程度的储备能力，除满足调峰工况供气需要外，还应对应急工况具有一定的保障能力。

3.3.5 气源能力储备的方式不同，所适用的调峰类型也不同。气田生产调节和多气源调度是利用气源供应的可调节性，气田生产调节需要的时间较长，适用于季节调峰；发展可中断用户是利用终端用气的可调节性，可中断用户并不是随时中断，也必须保证一定的连续性、稳定性，适合用于季节调峰；储气设施有大有小、灵活机动，适用于季节调峰、日调峰、小时调峰；可替代气源开启需要一定的时间，适用于季节调峰，可用于日调峰；城镇天然气高压管道储气类似于高压储罐，管道长度和容量有限且肩负输送配气任务，适用于小时调峰。

基于用气城市分布、输送和运输能力及可靠性、地质和港口条件等因素影响的现实情况，本条强调调峰用气能力储备方式的选择应因地制宜，经方案比较确定。

4 天然气管道计算

4.1 计算流量

4.1.1 为了满足用户小时最大用气量的需求,城镇高压、超高压天然气管道的计算流量,应按计算月的最大小时用气量计算。环状管道的最大小时用气量应按设计所分担的各用户计算月最大小时用气量叠加后确定。

4.2 水力计算

4.2.2 在实际工程设计中,参照国家相关标准对天然气管道采用当量粗糙度的情况,取 $K=0.1\,\mathrm{mm}$ 较合适。

4.3 高压、超高压天然气管道储气计算

4.3.1 充分合理地利用上游长输管线的供气压力,在城市外围规划建设高压、超高压天然气主干管网实施储气调峰,是部分解决全市城镇天然气供应过程中小时调峰需求的重要手段之一。

4.3.2 城市的用气量是波动的,而上游天然气供气量是相对稳定的。当城市用气量小于上游供气量时,高压天然气管道的平均压力上升,以储存多余的天然气;当城市用气量大于上游供气量时,高压天然气管道的平均压力下降,以弥补上游供气量的不足。因此,恰当地选定城市外围高压天然气管道起终点压力的波动范围和管道直径,可以使其具有一定的储气能力。

在管道储气和补充供气不足的过程中，管道内气体流动是不稳定的。由于不稳定流动计算比较复杂，故在一般工程计算仍按稳定流动计算，其结果比按不稳定流动公式计算值小 10%～15%。

5 管道线路及附属工程设计

5.1 地区等级划分

5.1.1、5.1.2 在城镇高压、超高压管道建设中的安全保证有两种指导思想：一是控制管道自身的安全性，如美国标准 ASME B31.8 和英国标准 IGE/TD/I edition3 1993。它们的原则是严格控制管道及其构件的强度和严密性，并贯穿到从管道设计、设备材料选用、施工生产、维护到更新改造的全过程。用控制管道的强度来确保管线系统的安全，从而对周围建（构）筑物提供安全保证。目前欧美各国多采用这种设防原则。二是控制安全距离，如苏联的"大型管线"设计标准，它虽对管道系统强度有一定的要求，但主要是控制管道与周围建（构）筑物的距离，以此对周围建（构）筑物提供安全保证。

上海地区 10 多年来高压、超高压天然气管道设计、建设的实践表明，由于我国人口众多，地面建筑物稠密，按安全距离进行管道设计建设，不仅选线难度大，而且即使保证了安全距离未必就能保证周围建（构）筑物和居民的安全。

加强管道的自身安全是对管道周围建（构）筑物安全的重要保证。对于任何地区的管道仅就承受内压而言，应是安全可靠的。如果存在有可能造成管道损伤的不安全因素，就需采取一定的措施以保证管道的安全。欧美国家高压、超高压天然气管道设计采取的主要的安全措施，是随着公共活动的增加而降低管道应力水平，即增加管道壁厚，以强度确保管道自身的安全，从而对管道周围建（构）筑物提供安全保证。这种"公共活动"的定量方法就是确定地区等级，并使管道设计与相应的设计系数相结合。按不同的地区等级,采用不同的设计系数(F)来保证管道周围建(构)筑物的安全。显然,这种做法比采取安全距离适应性强,线路选择比较灵活,也较经济合理。

管道安全性的判断是许用应力值,使用条件不同其值亦异。即使在同样条件下,根据各国国情,其值亦有所不同。美国国家标准按管道使用条件不同,规定许用应力值在 $0.4\sigma_s \sim 0.72\sigma_s$ 之间。而英国国家标准按管道使用条件不同,规定许用应力值在 $0.3\sigma_s \sim 0.72\sigma_s$ 之间,其最大许用应力值($0.72\sigma_s$)与其他用途管道相比,除与美国标准 ASME B31.4 规定的许用应力值相同外,均比其他压力管线许用应力值高。因为输气管线设计采用设计系数 0.72 时,管道应处在野外和人口稀少的地区,一旦发生事故,对外界的危害程度不大。同时管道外形较工厂管线简单,安全度小些应是合理的。其最小许用应力值($0.4\sigma_s$)与美国标准 ASME B31.3 基本一致。采用设计系数 0.4 时,管道应处在人口稠密和楼房集中交通频繁的地区。由于管道聚集了大量的弹性压缩能量,管道一旦发生破坏,对周围环境危害甚大。因此,应降低许用应力值,提高安全度,以确保管道周围建(构)筑物的安全。此外,在该类地区的线路截断阀最大间距为 8 km,管道发生事故时,气体向外释放较其他地区少,从而把危害降低到最低限度。根据国内外的大量实践证明,按不同的地区等级采用不同的设计系数来设计管道是安全可靠的。合理使用管材强度在经济上是合理的。本标准采用的设计系数是按照英国标准 IGE/TD/I edition3 1993 的规定。其理由:一是上海人口密集、高楼林立,其安全要求与长输管道有别;二是与现行国家标准《城镇燃气设计规范》GB 50028 相一致。因此,本标准采用 $0.3\sigma_s \sim 0.72\sigma_s$ 的设计系数是合理的。

综上所述,用提高城镇高压、超高压天然气管道自身的安全来保证周围建(构)筑物的安全是积极的。与用安全距离来保证管道建(构)筑物的安全相比,前者较为合理,已被当今许多工业发达国家所采用。因此,本标准采用提高管道自身强度安全的原则。

关于地区等级划分的标准是参考了美国标准 ASME B31.8 和英国标准 IGE/TD/I edition3 1993,按不同的居民(建筑物)密度指数将城镇高压、超高压天然气管道沿线划分为四个地区等级。其划分的具体办法是以管道中心两侧各 1/8 英里(约 200 m)范围内,任意划分成长度为 1 英里(约 1.6 km)的若干管段,在划定的管段区域内计算供人居住独立建筑物(户)数目,定为该区域的居民(建筑物)密度指数,并以此确定地区等级。上海由于人口密度较大,参照国外划分的方法结合上海的实际情况,确定了本标准的地区等级划分。

鉴于对四级地区的划分与现行国家标准《输气管道工程设计规范》GB 50251 的方法有所不同,需要进一步说明的是:

1 管道经过城市的中心城区(或区级中心城区)且 4 层或 4 层以上建筑物普遍且占多数同时具备才被划入管道的四级地区。

2 对于城市的非中心区(或非区级中心城区)地上 4 层或 4 层以上建筑物普遍且占多数的燃气管道地区,应划入管道的三级地区,其强度设计系数 $F=0.4$,这与现行国家标准《输气管道工程设计规范》GB 50251 中的燃气管道四级地区强度设计系数 F 是相同的。

3 城市的中心城区(不包括郊区)的范围宜按城市规划并应由当地规划部门确定。

4 "4 层或 4 层以上建筑物普遍且占多数"可按任一地区分级单元中燃气管道任一单侧 4 层或 4 层以上建筑物普遍且占多数,即够此项条件掌握。建筑物层数的计算除不计地下室层数外,顶层为平常没有人的美观装饰观赏间、水箱间等时也可不计算在建筑物层数内。

5.1.3 本市外环线以内地区人口密度大、建筑密集、交通频繁、地下设施多,属中心城区,故本标准所属的天然气管道不应进入此类地区。

5.1.4 本条所规定的强度设计系数参考了英国标准 IGE/TD/I edition3 1993,其目的是加强安全。

5.2 线路与管位

5.2.1 城镇高压、超高压天然气管道进入城镇开创了我国天然气发展的先例,城镇内人口众多,建筑物密集,如何正确选择管道线路,涉及供应安全和造价控制,因此必须慎重研究。

1 管道沿道路敷设能更好地利用现有的基础设施,可以减少投资。而城镇一般在公路两侧,管网沿道路敷设可以更好地为两侧城镇建设服务,并且有利于管道日后的维修和管理。

2~3 根据以往工程的统计,管道工程的费用中钢材的耗量约占工程造价的 60% 以上,因此,线路走向的选择应根据各种条件经多方案调查、分析、比较,确定最优线路。

管道施工的难易取决于地形、工程地质条件及沿线交通状况,这是线路选择的重要因素。

线路选择应考虑沿线主要进、供气点的地理位置,经济合理地处理好干线与支线之间的关系。

5 重要的军事设施和易燃易爆仓库是战争攻击的首要目标,相互安全影响甚大。国家重点文物保护单位,一旦遭毁坏,对民族文化和祖先遗产将造成无法挽回的损失。因此,规定管道严禁从其划定的安全保护区域通过。

6 管道不应从飞机场、火车站、海(河)港码头通过,若必须通过,除征得有关部门同意外,还应采取相应的有效安全保护措施。

5.2.2 大中型河流穿越工程应与线路总走向一致,以减少投资。当穿越大中型河流有困难时,只将穿越部分线路进行调整,而切忌为了满足局部穿越工程而对线路总走向进行大幅调整。

5.2.3 城镇高压、超高压天然气管道与建（构）筑物的最小水平净距对不同等级地区有不同要求。为使设计选线时有可操作性，本标准给出了量化数据。

1 一级和二级地区由于人口密度低、建筑物稀少，根据英国标准 IGE/TD/I edition3 1993 的规定：如果压力小于 100 bar，设计系数不超过 0.72，但大于 0.3，选用标准壁厚大于 19.1 mm 的管子，可以使用图 1 中的数据。从图 1 中的数据来看显然偏大，但考虑本市内属于一、二级地区的很少，即使局部遇到，采取局部迂回避让或采取加厚壁厚的办法处理。

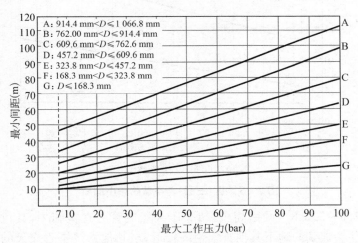

压力≤100 bar，设计系数≤0.72，但一般＞0.3

图 1　R 地区（一、二级）与建筑物最小间距

2 图 2 是用于三级地区、压力小于 100 bar、设计系数小于或等于 0.3 时的数据。从图中可以看出，当所有管径采用壁厚为 11.91 mm 的管子，与建筑物的最小水平净距只需 3 m。这一数据是基于以下试验：用一辆大铲车对 11.91 mm 壁厚的管子进行反复撞击，经检测无任何损坏。因此，认为当采用 11.91 mm 的管子无需任何安全间距,给出的3m间距主要是安装和检修时的操作间距。

　　针对英国标准的规定,结合本市的实际情况,认为在城镇内埋设较高压力天然气管道采用3m的间距认为安全性较差,因为安全因素除了管子壁厚以外,施工质量、防腐质量、巡检质量等均与安全有着密切关系。为此,根据本市防火规范多年来执行的经验,提出了表5.2.3符合上海实际的有可操作性的数据。

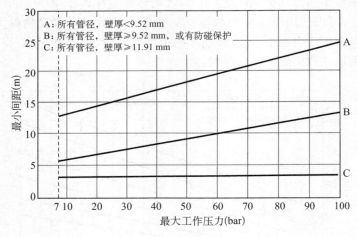

压力≤100 bar,设计系数≤0.3

图2　S地区(三级)与建筑物最小间距

5.2.6～5.2.8　城镇高压、超高压天然气管道在实施中,其位置往往会遇到与地下其他管线距离较近、与其他管线垂直交叉的情况。根据天然气管道多年来的实践经验,为了保护地下天然气管道和其他管线的安全,本标准给出了城镇高压、超高压天然气管道与其他管线的最小水平净距和垂直净距。

　　根据现行行业标准《油气输送管道并行敷设技术规范》SY/T 7365和现行国家标准《输气管道工程设计规范》GB 50251的有关规定,输油管道和输气管道并行敷设时,土方地区管道间距不宜小于6m;当受制于地形或其他条件限制不能保持6m间距时,应对已建管道采取保护措施。同期建设的油、气管道,受地形限制时,局部地段可采取同沟敷设;同沟敷设的并行管道,间距应满足施工及维修需求且最小净间距不应小于 0.5 m。非同期建设的油、气管道,需采取保护措施并留有施工作业空间。高压、超高压天然气管道并行敷设时,其间距应符合现行国家标准《输气管道工程设计规范》GB 50251 的有关规定。

5.3 管材及附件的选用

5.3.1 本条系参照现行国家标准《城镇燃气设计规范》GB 50028 对高压天然气管道的材料提出要求。

　　设计城镇高压、超高压天然气管道时,材料的选择至关重要。选择材料要考虑的因素很多,应进行多方面的、综合性的比较,在满足使用条件的前提下,要特别注意安全可靠性和经济性。

　　城镇高压、超高压天然气管道输送的是易燃、易爆气体,一旦发生事故,后果极为严重。因为管道在运行时,管道中积聚了大量的弹性压缩能,一旦发生破裂,材料的裂纹扩展速度极快,且不易止裂,其断裂长度亦很大。因此,钢管和管件所采用的钢材应该具有良好的抗脆性破坏的能力和良好的焊接性能。

　　本标准所指的管件主要是指弯头弯管、渐缩管、管封头及法兰等。管件的几何形状各异,使用时产生的应力比较复杂,是城镇高压、超高压天然气管道结构中的薄弱环节。因此,应从管道结构的整体出发,对其所用的材料、温度、严密性、保持几何形状的能力、制作质量等提出要求。

　　对于城镇高压、超高压天然气管道,由于天然气的可压缩性能,需确保钢管避免脆性断裂扩展,控制其延性断裂扩展。钢管抗延性断裂扩展的确定方法可按现行国家标准《石油天然气工业管线输送系统用钢管》GB/T 9711 的有关规定执行。

　　本条所规定管材和管件所采用的标准,均为国家标准,除国家标准或不低于国家标准相应技术要求的其他钢管标准以外,均不得使用,其目的是保证城镇高压、超高压天然气管道的安全。

5.3.2　地震对于埋设在地下的天然气管道破坏性极大,一旦受到破坏将引起燃烧、爆炸,使生命财产遭受巨大损失。因此,必须对管道的防震予以重视。

上海属于地震少发地区,但国家规定上海地区建筑的防震以7度设防。因此,天然气管道在设计时也应以7度设防。其方法较多,基本的方法是加强管道的强度或设置柔性管段等。

5.3.3　经冷加工的管道又经热处理加热到一定温度后,将丧失其应变强化性能,按国内外有关规范和资料,其屈服强度降低约25%,因此在进行该类管道壁厚计算或允许最高压力计算时应予以考虑。条文中冷加工是指为使管道符合标准规定的最低屈服强度而采取的冷加工(如冷扩径等),即指利用了冷加工过程所提高强度的情况。管道煨弯的加热温度一般为800℃～1 000℃,对于热处理状态管道,热弯过程会使其强度有不同程度的损失,根据美国标准 ASME B31.8 及一些热弯管机械性能数据,强度降低比率按25%考虑。

5.3.4　本条是对城镇高压、超高压天然气管道的开口提出的要求。由于城镇高压、超高压天然气管道工作压力高、危险性大,故开口补强要求采用整体补强的方式,对带气开口等应急作业的补强形式不作规定。

5.3.5　本条系参照现行国家标准《城镇燃气设计规范》GB 50028编制。管道附件的国家标准目前还不全,为便于设计选用,列入了有关行业标准。

5.4　强度和稳定性

5.4.1　城镇高压、超高压天然气钢质管道强度,苏联采用极限承载能力,按材料的强度极限计算;美国标准 ASME B31.8 采用屈服极限计算,并为欧美等国家广泛采用。城镇高压、超高压天然气钢质管道采用屈服强度计算法是比较稳妥的。

管道壁厚计算,世界各国大都采用第三强度理论,我国也对高压石油天然气管道的壁厚计算进行过广泛的讨论和学术交流,对采用第三强度理论意见趋于一致。本标准规定,采用美国标准 ASME B31.8 直管壁厚计算公式。该公式计算简便,在城镇高压、超高压天然气钢质管道设计中已广泛应用。

5.4.2　城镇高压、超高压天然气钢质管道壁厚,一般认为 $D/\delta>$ 140 时,才会在正常的运输、敷设、埋管情况下出现圆截面的失稳。本标准提出的最小公称壁厚(表 5.4.2),都不会超过此范围的高限。

国内外研究表明,D/δ 不大于 140 时,在正常情况下,不会出现刚度问题。

按式(5.4.1)确定的管道壁厚 δ,还应根据各种载荷条件予以校核,若不能满足就要增加壁厚,或调整其他参数。在承受内压较小时计算的壁厚可能很小,此时为满足运输、吊装敷设和修理的要求,其最小公称壁厚应符合本标准表 5.4.2 的规定。

5.4.3　弯管在流体压力作用下,产生的环向应力沿弯管截面的分布是很不均匀的。四川石油管道局设计院与中国石油大学(原华东石油学院)曾根据理论推导并经试验验证,推荐用"环管公式"来计算弯管各点环向应力。产生的最大环向应力在弯管的内凹点。这个应力比直管产生的环向应力大,其增加的倍数 m 称为在内压作用下弯管的应力增加系数,也就是弯管的壁厚较直管壁厚的增大系数。这个系数是 R/D_0(弯管的曲率半径 R 与其外径 D_0 的比值)的函数,R/D_0 越大,m 越小。因此,要尽可能增大曲率半径 R。

"环管公式"中:$m = \dfrac{4R - D_0}{4R - 2D_0}$

5.5　管道防腐及阴极保护

5.5.1　埋地钢管常受到土壤和地下水的侵蚀,包括各种盐类、酸性物质、碱性物质及游离电子的腐蚀作用。因此,埋地钢管必须进行外防腐处理。另外,鉴于本市天然气气质较为干净,暂不需要考虑内防腐。

目前,我国和世界上许多国家一样,基本上都采用土壤电阻率来对土壤的腐蚀性进行分级。土壤电阻率和土壤的地质、有机质含量、含水量、含盐量等有密切关系,它是表示土壤导电能力大小的重要指标。测定土壤电阻率从而确定土壤腐蚀性等级,这为选择管道的防腐蚀涂层的种类和结构提供了依据。土壤腐蚀性分级系参照现行行业标准《城镇燃气埋地钢质管道腐蚀控制技术规程》CJJ 95 编制。

上海地区的陆地是由数千年的泥沙沉积和海岸线不断外推形成的。部分区域由于含盐量较高,加之城市供电行业及电气化交通的快速发展,导致地下存在较多的杂散电流,以及地下水位较高,这些因素都会对地下埋地钢管造成腐蚀威胁。因此,本节对埋地钢管的防腐措施提出了严格要求。

5.5.5 本条系参照行业标准《城镇燃气埋地钢质管道腐蚀控制技术规程》CJJ 95—2013 第 6.2.3、6.2.4、6.2.8 条编制。

地下天然气管道的外防腐涂层一般采用绝缘层防腐,但防腐层难免由于不同的原因而造成局部损坏,对防腐层被损坏的管道,防止电化学腐蚀则显得更为重要。美国、日本等国都明确规定了采用绝缘防腐涂层的同时必须采用阴极保护。石油、天然气长输管道也规定了同时采用阴极保护。实践证明,采取这一措施都取得了较好的防护效果。

阴极保护的选择受多种因素的制约,外加电流阴极保护和牺牲阳极保护法各自又具有不同的特性和使用条件,从目前来看,高压、超高压管道采用外加电流阴极保护技术上是比较成熟的,也积累了不少的实践经验。牺牲阳极保护法的主要优点在于它不会影响管道与其他不需要保护的金属管道或构筑物之间的通电性,互相影响小。因此,城镇高压、超高压天然气管道的阴极保护设计应根据敷设地区的实际情况合理选择方案。

5.5.6 本条系参照国家标准《埋地钢质管道直流干扰防护技术标准》GB 50991—2014 第 5.0.1 和 5.0.2 条编制。

城市轨道交通（如地铁、轻轨、电气化铁路等）采用直流电力牵引，列车的运行会产生杂散电流，根据测量，对数公里外的金属管道都会产生干扰。由于杂散电流的干扰，强制电流阴极保护站的保护距离往往比理想状态下的计算距离缩小数倍。杂散电流会对周边埋地天然气管道造成严重的腐蚀。

当管道两侧 20 m 范围内，土壤的地直流电位梯度大于 0.5 mV/m 时，可确认管道受到直流干扰。当管道任意点的管地电位较自然电位正向或负向偏移大于 20 mV 时，应确认管道受到直流干扰。

埋地天然气管道的对地电位正向偏移程度是评估杂散电流腐蚀的主要参数。当管道任意点上的管地电位相对于自然电位正向偏移大于或等于 100 mV 时，应及时采取干扰防护措施。反之，如果产生负向偏移，只要其偏移量不超过管道防腐层的阴极剥离电位，则不会对钢管造成损坏；超过阴极剥离电位，则会造成管道防腐层的阴极剥离。

5.5.8 交流电击腐蚀的保护：

1 埋地钢管与交流接地体的净距是一项安全指标。高压交流接地体与管道距离过近可能会造成管道较为严重的电击腐蚀，这在长输管道和城镇燃气管道中均有实例。表 5.5.8 系参照现行国家标准《城镇燃气设计规范》GB 50028 编制，表 5.5.8 中给出的是一般情况下避免击穿外防腐层的最小净距。管道与杆（塔）接地体之间的合理距离与故障电流或雷击电流的大小、故障持续时间、土壤电阻率、管道防腐层电气强度、相邻的杆（塔）与变电站的距离等因素有关，对具体工程而言影响参数都是不同的，随具体地点而变。在具体实施中，若达不到要求，可在管道与交流接地体之间设置绝缘装置，以及通过提高管道在相关地带的外防腐层绝缘等级等方法,以避免电击穿腐蚀的发生。

2 对于那些与高压交流输电线路距离较近且平行距离较长的埋地钢管,由于静电场和交变磁场的影响,以磁感应耦合方式产生的交流电压是其主要的干扰形式。在电磁感应作用下,会使管道上产生数十伏的较持久的感应电压,对管道产生的破坏作用是不可轻视的。埋地管道因交流干扰所产生的危害包括对人身与设备的安全危害和对管道的交流腐蚀两个方面。

5.5.10 本条系参照国家标准《输气管道工程设计规范》GB 50251—2015 第 4.6.8 条编制。

5.5.11 对城镇高压、超高压天然气管道提出内检测的要求,是保证安全、鼓励技术进步,并对重要管道实施完整性管理提出的导向性的要求。

5.6 管道防浮计算

5.6.1～5.6.3 鉴于上海的地质条件,由于地下水位较高,过往对管道防浮的忽视导致了管道浮起,从而影响了管道安全。纠正这一问题非常困难,通常需要挖出管道重新铺设,这会导致投资大幅增加。因此,对于管道的浮起问题应予以重视。本条给出了管道防浮的具体措施及计算方法,供设计和施工人员参考。

特别是在高压、超高压管道在隧道内敷设且隧道内采用充水密封的情况下,更应考虑管道的防浮设计。

5.7 阀门设置

5.7.1 为了便于维护和保养阀门,阀门应设置在方便的地方,避免设在道路十字路口和交通繁忙的地方。在高压、超高压天然气管道上设置阀门,其主要目的是便于维修以及当管道发生故障或破损时,尽可能减少损失和防止事故的扩大。

1~5 门站和调压站属于重点防火区。目前市场上的阀门大都具有防火性能,为了在这些关键部位加强防火意识,防止伪劣、假冒产品的混入,故此特别强调。通过清管器的阀门必须采用全通径阀门,以便使清管器能顺利通过。

6 本市的地下水位较高,为使自动阀门的电驱动部分不致受潮失效,故规定自动阀门的电驱动部分应设置在地面上的阀室内。

5.7.2 本条系参照国家标准《输气管道工程设计规范》GB 50251—2015 第 4.5.1 条编制。

5.7.3 本条系结合原规程表 7.1.4 修改。

5.8 管道的安全泄放

5.8.1 本条参考了美国标准 ASME B31.8 第 846.21 条(C)款的规定。

5.8.3 受压设备的设计压力通常是根据工艺条件需要的最高操作压力所决定的。由于误操作、压力控制装置发生故障或火灾事故等原因,受压设备的内压可能超过设计压力。为了防止超压现象发生,一般均应在受压设备上或其连接管道上装设安全放散装置。

5.8.4 门站内,对泄压放散气体一般不采取就地排放,均引入同等压力的放散管道并送至集中放散管放散。这种放散方式对保护环境和防火安全均有好处。

5.8.5 集中放散管的设置要求是参照国家标准《城镇燃气设计规范(2020 年版)》GB 50028—2006 第 6.5.12 条的有关规定而确定的。

5.8.6 本条对设置集中放散管管所作的规定主要是从安全角度考虑。

1 集中放散管直径大小同泄放气量有关。泄放气引出管管径大小应根据安全阀的泄放量和背压综合考虑确定。

2 放散管顶端严禁装设弯管,原因是顶端向大气排出的气体产生的反向推力将对放散管底部产生巨大的弯矩,有造成放散管倾倒的可能。

3 集中放散管位于野外,容易受到雷击,引燃管道内天然气,需在放散管上设置阻火器。放散过程中气流速度大,会产生较大的噪声,应根据环保要求,设置消音装置。

5.9 穿越管道设计

5.9.1~5.9.3 本节系参照现行国家标准《城镇燃气设计规范》GB 50028 和《油气输送管道穿越工程设计规范》GB 50423 编制。采用水平定向钻法穿越时,焊缝补口处可采用光固化套等保护措施。

6 天然气场站设计

6.1 选址与布置

6.1.2 场站类型包括门站、高-高压调压站、计量站、加压站、清管站等。场站是城镇天然气输配系统中的重要设施,由于其占地较大,又对周围的建(构)筑物的最小水平净距有着严格的要求,故本标准对场站的选址提出了具体要求。

6.1.3 表 6.1.3 中场站与周围的建(构)筑物最小水平净距参照国家标准《城镇燃气设计规范》GB 50028—2006、《石油天然气工程设计防火规范》GB 50183—2004 中有关安全间距,并根据本市的实际情况增加了相关的内容而制订。由于表中规定了具体的数字,使设计和审批都有据可依,方便了操作。

场站与周边的最小水平净距以工艺装置外缘为起算点,主要参考了《城镇燃气设计规范》GB 50028—2006 中表 6.6.3 的注。

6.1.4 根据现行国家标准《城镇燃气设计规范》GB 50028、《石油天然气工程设计防火规范》GB 50183,除增加工艺设备之间的安全间距外,还补充了工艺设备与生产辅助区相关设施之间的最小水平净距。

按照国家标准《石油天然气工程设计防火规范》GB 50183—2004 第 3.2.3 条第 2 和 3 款的规定,生产规模大于 $50 \times 10^4 \mathrm{m}^3/\mathrm{d}$ 的天然气压气站、注气站定为四级站场,生产规模小于或等于 $50 \times 10^4 \mathrm{m}^3/\mathrm{d}$ 的天然气压气站、注气站定为五级站场。集气、输气工程中任何生产规模的集气站、计量站、输气站(压气站除外)、清管站、配气站等定为五级站场。

依据以上规定,上海的高压、超高压天然气输配系统绝大部分门站、调压站均为五级站场,但建有压气站的门站,因其加压站的生产规模均大于 $50 \times 10^4 \, \mathrm{m^3/d}$,属四级站场,其站内装置间的最小水平净距应按现行国家标准《石油天然气工程设计防火规范》GB 50183 关于四级站场的规定执行。

6.1.5 建设在用户厂区内的大用户站,主要为大用户厂区服务。一般由用户厂区总体设计单位按照厂区类型的相关规范,确定调压站的位置,并满足最小水平净距要求。本标准中,只需考虑调压站内部之间的最小水平净距。

6.1.6 天然气场站与相同类型的天然气场站毗邻建设,两个场站类型相同,可以按照场站内部设施的最小水平净距来考虑。

6.2 场站工艺及设施

6.2.1 本条是场站的常规功能需求,在工程项目中,可以根据场站的实际情况,对场站功能进行增减。

6.2.2 近年来,国家十分重视管道运行期间的定期检验及维护。因此,本条提出管道上设置电子检管器的要求。

6.2.3 本条是场站工艺设计的要求。

1 为确保气体计量的准确,并保证上游气源方提供的气质符合要求,下游方需了解上游的气质参数。上游不提供时,下游需要设置气质检测设备。

9 为保证场站的安全可靠运行,在场站内需设置必要的远程检测控制系统,并纳入城镇输配系统的监控及数据采集系统(SCADA)。有人值守场站的场站控制系统,不仅具有本标准第 9.2.6 条规定的各项功能外,还同时具有无人值守场站远程检测控制系统的所有功能。

6.2.4 为避免调压器故障,造成下游管道超压,需要在调压器下游设置防止超压的安全保护装置。安全保护装置的设计可参照国家标准《输气管道工程设计规范》GB 50251—2015 第 8.4.3 条执行。

6.2.8 本条规定是为了避免放散天然气影响附近建(构)筑物的安全。

6.2.9 本条对不同排放压力的气体放散提出要求。

1 不同排放压力的放散管分别设置通常是必要的。不同排放压力的放散同时排入同一管道,若处置不当,可能发生事故。

2 当高压放散气量较小或高、低压放散的压差不大(例如其压差为 0.5 MPa～1.0 MPa)时,可只设一个放散系统,以简化流程。这时,必须对可能同时排放的各放散点背压进行计算,使放散系统的压降减少到不会影响各排放点安全排放的程度。根据美国石油学会标准 API RP521 规定,在确定放散管系尺寸时,应使可能同时泄放的各安全阀后的累积回压限制在该安全阀定压的 10%左右。

6.2.10 关于天然气场站的管道及设备防腐,国家和行业都有相关的标准,防腐的设计需按照相关规范执行。

6.3 辅助生产设施

6.3.1 本条对场站内的电气设计作了规定。门站内生产用电、消防用电和自控系统用电等重要设施的供电系统应符合现行国家标准《供配电系统设计规范》GB 50052 中"二级负荷"的规定。

1 现行国家标准《供配电系统设计规范》GB 50052 中"二级负荷"(由两回线路供电)的电源要求从供电可靠性上完全满足天然气供气安全的需要。当采用两回线路供电有困难时,可另设天然气或燃油发电机等自备电源,且可以大大节省投资,可操作性强。

2 本款是在现行国家标准《爆炸危险环境电力装置设计规范》GB 50058 的基础上,结合本市天然气主干管网的特点和工程实践编制的。由于爆炸危险环境区域的确定影响因素很多,设计时应根据具体情况加以分析确定。

　　4　消防控制室、消防泵房、变配电室、自备发电机房、控制室、压缩机房等是门站、调压站内重要的场所,应设置应急照明。

6.3.9　门站、调压站是重要的天然气输配场站,为提高场站安全防范要求,特提出本条要求。

7 管道和设备的施工及安装

7.1 土方工程

7.1.1 线路走向应经设计单位确认,勘测单位埋设控制桩,并与施工单位在现场进行交接。交桩、移桩、测量放线、施工作业带应按工序逐一完成。施工后将控制桩恢复到原位置。

7.1.2,7.1.3 对地下设施和文物应重点保护。机械开挖时,如不清楚地下设施很容易造成事故,故规定 3 m 内采取人工开挖。

7.1.4 石方段加深 0.2 m,是为了预留出回填细土的深度。

7.1.6 本条系参照国家标准《城镇燃气输配工程施工及验收标准》GB/T 51455 编制。埋地天然气管道应敷设在坚实的土壤上,防止产生不均匀下沉而破坏管道的严密性。因此,对管沟不准超挖作了具体的规定。

7.1.7 为满足施工作业场地需求,规定一侧堆土。

7.1.8 由于管沟开挖后受路面动、静载荷的作用,沟两侧土方有塌方的危险,为保证施工的安全应采用支撑。

7.1.9 沟内积水对施工及管基质量均产生影响,因此施工时应及时予以清除。

7.1.10 对于局部超挖部分,必须进行回填并夯实。本条对超挖部分沟底有地下水和无地下水时提出了回填材料和密实度的要求。

7.1.11 湿陷性黄土密实度差,遇水会造成土质流动,故不宜在雨季施工。开挖时槽底预留一定厚度的土层进行夯实是为了使基础密实。

7.1.13 管基是管道施工质量的重要指标。如果管基存在软弱土或腐蚀性土壤,可能会导致不均匀沉降,从而在管道上产生局部应力集中,破坏管道的严密性,故对此作了规定。

7.2 埋地管道敷设

7.2.1 焊接材料的选用、保管和使用是否符合要求将直接关系到焊接的质量,因此必须符合国家有关标准的规定。

7.2.3 本条系参照现行国家标准《城镇燃气输配工程施工及验收标准》GB/T 51455 编制。管道焊接工序极易受环境因素的不利影响,尤其是受风的影响,风速超出允许值后,容易造成气孔、夹渣等缺陷,因此本条对管道焊接施工环境作了规定。

7.2.10 本条规定了镶接段两侧管段在不同情况下最小镶接长度,是为了使镶接操作方便,也避免因镶接长度过短造成焊缝过密。镶接时不得使用法兰,其目的是防止用法兰硬性纠偏而使应力集中。

7.3 管件、设备及附属工程安装

7.3.1 阀门在安装前应根据图纸核对其型号、规格、压力等级是否符合设计要求,安装时应注意阀门上的流向指针应与气流方向一致,并应在埋地阀门井的井盖上铸上气流方向箭头。

阀门试压根据现行行业标准《阀门检验与安装规范》SY/T 4102 的相关规定执行。当施工现场不具备阀门压力试验条件时,阀门的压力试验可采用驻厂监造、委托第三方检测等方式进行。

7.3.2 阀室建完后,重量大、体积大的阀门运入室内时常常有困难,不得不拆门。因此,要合理安排交叉施工。

7.3.3 法兰连接的阀门在关闭状态下连接是为了防止污物、杂质进入阀体腔内造成关闭不严。对焊阀门在焊接时为了使热气流迅速扩散和焊接时的热量不致损伤阀体而变形,应将阀门处于全开状态。

7.3.4 为避免阀门过重附加在管道上造成管道焊缝承受附加应力,特作此规定。

7.3.5 阀室内的埋地管道和阀门的防腐是质量的控制点,因此规定应按照设计的要求对防腐绝缘进行电火花检漏测试,测试合格后方可回填。

7.3.6 穿墙缝隙应堵严,防止墙外地下水流入,或者对于多房间的阀室,防止出现泄漏时气体流窜造成事故。

7.3.7 管件、设备安装

　　1~3 管件、设备不但应有出厂合格证明,而且要核对其技术性能是否符合设计要求,不符要求或外观检查有问题的管件不能使用。

7.3.8 城镇高压、超高压天然气管道附属工程的设置和安装

　　3 警示带敷设

　　　　1)天然气管道上敷设警示带是为了保护管道不被外力所损坏,警示带下的回填土经初步夯实可使警示带敷设平整。

　　　　2)采用不易分解的聚乙烯材料制作警示带是为了延长警示带的寿命。警示带的宽度以往规定为 200 mm 左右,目前已能制作与管径同宽度的警示带。

7.4　管道防腐

7.4.4 本条对阀门阀体及管道管件的防腐提出要求。阀门阀体及管道管件的防腐材料如与管道的防腐材料不同,将使管体与管件以及设备的防腐效果不一致,会影响整个管网使用寿命。

7.4.5 本条系参照上海市工程建设规范《城镇燃气管道工程施工质量验收标准》DG/TJ 08—2031—2007 第 6.2 节编制。外防腐层材料、防腐层结构、防腐等级按现行国家标准《埋地钢质管道聚乙烯防腐层》GB/T 23257 和现行行业标准《钢质管道聚烯烃胶

粘带防腐层技术标准》SY/T 0414、《钢质管道熔结环氧粉末外涂层技术规范》SY/T 0315 的有关规定执行。

7.4.6 本条系参照上海市工程建设规范《城镇燃气管道工程施工质量验收标准》DG/TJ 08—2031—2007 第 6.1.8 条编制。钢管的电绝缘性是阴极保护系统是否可靠、长效的前提。

7.4.8 所有埋地钢管交流防护设施的安装中,应首先把接地电缆连接在受干扰的管道上;拆下的顺序相反,连接接地极的一端应最后拆卸。操作中应使用适当的绝缘工具或绝缘手套来减少电击危险。

7.5 场站的施工

7.5.1~7.5.3 由于场站内工艺复杂,管道、设备较多,必须要有经过审查通过的施工方案并严格按照设计进行。有关配套工程和设备、仪表必须符合国家有关标准的要求。

7.5.6、7.5.7 调压器主体及其附件和仪表在安装前必须检查其产品合格证和按规定进行检定。对非标设备应按设计要求进行检验,对不符要求的不得安装,并及时与设计部门进行联系。

7.5.8 本条规定了法兰、螺栓、螺母、垫圈等必须严格按照设计的要求选用,并强调法兰连接必须严密,否则将造成管道泄漏而酿成安全事故。同时,还提出了法兰与管子连接及法兰对接的技术要求和允许的偏差度。

7.5.9 为了拆、装方便,螺栓、螺母应涂上相应的润滑剂。

7.5.10 本条对调压站内管道安装提出了下列要求:

1 接口嵌入墙壁与基础中不但检查困难,而且无法修补。管道穿墙或基础设置在套管内既能保护管道又便于检修。

2 调压器主体上均有箭头表示气流方向,箭头方向表示出口,不能安装颠倒。

3 调压器前后直管段长度是根据气体压力、流量的不同而不同的,长度过短会造成气流和压力不稳定。

7.6 材料存放、装卸、运输及验收

7.6.1 本条规定了主要材料、管道附件、设备验收的一般要求。

　　1 天然气管道输送的是易燃易爆气体,高压、超高压天然气管道在运行时,管道中积聚了大量的弹性压缩能,一旦发生破裂,材料裂纹扩展速度极快,且不易止裂,其断裂长度也很大,一旦发生事故,后果极其严重。因此,为确保工程质量,管材、管件必须具有国家专业检测机构的产品质量检验报告和生产厂的产品合格证。

　　2 工程所用材料、管道附件、设备的材质、规格和型号必须符合设计要求,其质量应符合国家或行业现行有关标准的规定,并具备出厂合格证、质量证明书,以及材质证明书或使用说明书。

　　3,4 参照现行国家标准《输气管道工程设计规范》GB 50251 和《输油管道工程设计规范》GB 50253 的要求编制。

7.6.2 本条规定了材料存放的要求。

　　1 对于有防腐层的管材,在存放时应防止直接暴露在强烈的阳光下,室外存放应搭建凉棚,并应注意室内外的温度变化,以防防腐层发生软化、流淌现象。

　　2～4 规定了管道平面存放和多层存放时管道离地高度、堆放高度和支撑的要求,以及不同管径分别堆放的要求,以确保安全。

7.6.3 本条规定了材料存放及钢管装卸、运输的要求。

　　1 管材、管件在存放、搬运和运输时不得用金属绳是为了防腐层不被损坏。

　　2 日晒、雨淋以及与油类、酸、碱、盐等物质的接触都可能对管材和防腐层造成腐蚀,故应避免这些情况的发生。

　　3 规定管材、管件存放期不超过 1 年,是为了防止出现严重

氧化,并避免防腐层因长期紫外线照射而影响其防腐效果。

7.6.4 本条规定了材料、设备检验及修理的要求。

1 检查质量、技术资料的目的是为了控制材料、附件、设备的质量。对于一些对工程质量有较大影响的关键性材料、附件、设备的质量(或性能)有怀疑时,应进行复验。

2 为确保钢管质量,使用前应进行钢管尺寸偏差和外观质量检查。

3 有缺陷钢管的处理,参考了美国标准 ASME B31.8 的规定。严重的缺陷会影响焊接、通球以及管道的安全性,因此要割除。

5 弯管的规定参考了现行行业标准《油气输送用钢制感应加热弯管》SY/T 5257。

6 在包覆或涂敷试验中,各种防腐材料若不合格,应分析不合格的原因。如因防腐作业线的工艺问题,应改进或调整工艺后重新试验;如因材料本身质量问题,应更换防腐材料。

8 清管、试压和干燥

8.1 一般规定

8.1.4 为确保安全,考虑施工人员及附近公众与设施的安全,作出清管和试压等施工作业应编制专项施工方案的安全规定。

8.2 清 管

8.2.1～8.2.9 参考现行国家标准《城镇燃气输配工程施工及验收标准》GB/T 51455 并总结本市历年来的施工经验作出清管的规定,以保证清管的质量与安全。

8.3 强度试验

8.3.1 具体可参照现行国家标准《城镇燃气输配工程施工及验收标准》GB/T 51455 的有关规定。

8.3.2～8.3.6 为保证试压的精度和安全作出的常规规定。

8.3.7 强度试验的压力值、稳压时间及允许压降值均依据现行国家标准《城镇燃气输配工程施工及验收标准》GB/T 51455 的规定执行。

8.3.9 参考现行国家标准《城镇燃气输配工程施工及验收标准》GB/T 51455 对试压介质的选用作出规定。

8.3.10 本条对强度试验时的安全提出要求。

8.5 干燥与置换

8.5.1 依据现行国家标准《城镇燃气输配工程施工及验收标准》GB/T 51455 总则作出的规定。

8.5.2，8.5.3 为了保证干燥的质量作出的规定。残余水通过清管清除，附着水通过吸湿剂吸收后用干燥空气吹扫。

8.5.4 管道内气体置换的具体方法和步骤可参阅现行国家标准《城镇燃气输配工程施工及验收标准》GB/T 51455 的有关规定。

8.6 管道保压

8.6.1～8.6.5 管道保压是为了保护不通气管道的安全而采取的一种措施。当在不通气管道附近埋设其他管线时，往往会被误认为是废弃的空管而遭到损坏。本标准所采取的措施是使管内保持一定的气体压力，并定期测定压力。一旦发现管内压力下降，即可确定管道已受损，应立即进行修复。

9 监控及数据采集

9.1 一般规定

9.1.1 随着电子计算机、仪表自动化技术、通信技术和信息技术的发展,广泛采用监控及数据采集(Supervisory Control And Data Acquisition,SCADA)系统来完成对天然气管道输配系统的自动监控和自动保护,已成为管道自动控制系统的基本模式。

SCADA 系统采集的站点运行工况数据,也是建设城镇天然气智能化管网的三大必要基础数据之一(其余两个基础数据是设备属性数据和过程管理数据)。

城镇高压、超高压天然气输配系统通常具有大口径、高压、站场多、线路长、输送工艺复杂等特点,为实现天然气输配系统的自动化运行,提高管理水平,应设置 SCADA 系统。

城镇高压、超高压天然气管网系统宜逐步建立智慧管网生态。围绕城镇高压、超高压天然气管网系统安全运营,融合 5G、物联网、大数据、云计算、北斗定位、移动应用等新兴信息和通信技术,逐步建立城镇高压、超高压天然气管网系统完整性管理、管道应力监测、光纤预警等系统,探索用气负荷预测、管网仿真、管道三维可视、无人机巡检、智能调度等智慧管网研究。同时,从工业设备安全、主机安全、数据安全等方面,全面提升高压管道工业互联网安全水平。

9.1.2 明确了监控及数据采集系统建设和运行维护的原则。

9.1.3 监控及数据采集系统可根据天然气系统的供气规模情况、运营企业资金情况、部分子系统的急用程度等,在符合安全性、可靠性、实时性、通用性、扩展性、经济性的原则下总体规划、分步实施。

9.1.4 作为为高压、超高压天然气管网系统服务的监控及数据采集系统，必须跟上技术进步的步伐，逐步实现从传统的信息化、数字化向智慧调度、智能运营发展。

9.1.6 信息安全管理的相关标准有《信息安全技术　网络安全等级保护基本要求》GB/T 22239、《信息安全技术　网络安全等级保护定级指南》GB/T 22240 等。

9.1.7 灾备中心站是指为了确保高压管网调度运营信息系统的数据安全和关键业务可以持续服务，提高抵御灾难的能力，减少灾难造成的损失而建设的异地实时灾备系统。

9.1.8 通信方式是监控及数据采集系统的重要组成部分。通信方式可以采用有线及无线通信方式。由于国内城市公用数据网络的建设发展很快，且租用价格呈下降趋势，所以充分利用已有资源来建设监控及数据采集系统是可取的。

9.1.9 达到标准化的要求有利于通用性和兼用性，也是质量的一个重要方面。标准化的要求指对印刷电路板、接插件、总线标准、输入/输出信号、通信协议、变送器仪表等逻辑的或物理的技术特性，凡属有标准可循的都要做到标准化。

9.1.10 监控及数据采集系统是一种连续运转的管理技术系统。借助于它，燃气企业的调度部门和运行管理人员得以了解整个输配系统的工艺。因此，可靠性是第一位的要求，这要求监控及数据采集系统从设计、设备器件、安装、调试各环节都达到高质量，提高系统的可靠性。从设计环节看，提高可靠性要从硬件和软件设计两方面都采取相应措施。硬件设计的可靠性可以通过对关键部件设备(如主机、通信系统、CRT 操作接口，调节或控制单元、各极电源)采取双重化(一台运转一台备用)、故障自诊断、自动备用方式(通过监视单元 Watch Dog Unit)控制等实现。此外，提高系统的抗干扰能力也属于提高系统可靠性的范畴。

监控及数据采集系统的电源供应、关键设备、应用软件和网络宜采取冗余技术。

9.1.11 为保证主站运行的连续性,应采取双电源供电。考虑到门站或调压站内供电设施均为双电源,具有较高的可靠性,且发生故障时可很快恢复正常,故对设于站内的主站机房允许只有一个独立电源。当主站机房设于门站或调压站区外时,则需设双电源。

9.2 功能要求

9.2.1 本条为对监控及数据采集系统的基本功能要求。

9.2.4 一般的监控及数据采集系统都应有通过键盘 CRT 进行人机对话的功能。在需经由主站控制键盘对远端的调节控制单元组态或参数设置或紧急情况进行处理和人工干预时,系统应从硬件及软件设计上满足这些功能要求。

9.2.6 配置不间断供电 4 h 以上的后备电源是为了保证在一个工作日内能够提供对设备维修的支持。无人值守站因环境复杂,供电、通信等外部条件薄弱,容易出现通信不可靠甚至中断,故应保存现场数据、报警信息和故障信息用于主站补存数据,以利于现场事件还原和追溯。

9.3 系统构成

9.3.1 监控及数据采集系统一般由主站和远端站组成。远端站一般由微处理机(单板机或单片机)加上必要的存储器和输入/输出接口等外围设备构成,完成数据采集或控制调节功能,有数据通信能力。因此,远端站是一种前端功能单元,应按照气源点、储配站、调压站或管网监测点的不同参数、测控或调节需要确定其硬件和软件设计。主站一般由微型计算机(主机)系统为基础构成,特别是图象显示部分的功能应有新扩展,以使主站能够满足管理和监视的需求。在一些情况下,主机配有专用键盘更便于操作和控制。主站还需有打印设备，以输出定时记录报表、事件记录和键盘操作命令记录，从而提供完善的管理信息。

监控及数据采集系统的构成（拓扑结构）与系统规模、城镇地理特征、系统功能要求、通信条件有很密切的关系，同时也与软件的设计互相关联。监控及数据采集系统中的主站和远端站结点的联系可看成计算机网络，但是其特点是在远端站之间可以不需要互相通信，只要求各远端站能与主站进行通信联系。在某些情况下，尤其是系统规模很大时，在主站和远端站之间增设中间层次的分级站，作为主站的连接通道，节省通信线路投资。

"分布式结构"是指系统的服务器、软件功能模块支持分布式设计和部署，具有并发能力强、可伸缩性强等优点，可以避免由于单一设备或软件故障给天然气系统带来问题，满足监控及数据采集系统的实际需要。

9.3.2 远端站分有人值守和无人值守两种。远端站一般包含现场仪表和执行机构。

9.3.3 服务器是监控及数据采集系统运行的重要载体，它既可以采用实体的物理服务器，也可以采用虚拟化服务器。网络设备和安全设备应符合国家现行标准的有关规定，可根据需要配置安全网关类设备、入侵检测类设备。

专线网络、虚拟专用网络（VPN）的安全性更高，有防止外部干扰与攻击的能力。光纤通信是目前主流的网络通信技术，采用环网结构与工业以太网技术，可以在单条光纤线路损坏的情况下快速重构链路，保持应用通信的连续。

9.3.4 无论采用何种远程通信方式，对监控及数据采集系统传输的控制指令以及数据使用认证加密技术进行安全防护都是必要的。

9.3.5 重要的远端站是指门站、高-高压调压站等。通信线路采用冗余是为了提供数据传输的可靠性。